U0590523

JUST THE
WAY
YOU ARE

狄骧

著

你不用
努力活得
跟别人一样

CTS | 湖南人民出版社

CONTENTS

CONTENTS

CONTENTS

第三章　痛苦的价值决定了你成功的上限

CONTENTS

作者序：聪明人那么多，普普通通的你凭什么赢？

财富这个东西很奇妙，它无所不在，随手可得，就像鱼塘里满是肥美大鱼，但真正有工具和方法可以捞到肥鱼的人，却少之又少。

工具和方法，是让人能够成功的两根筷子，这个道理，我年轻时就懂。

然而，我却要在四十几岁破产过三次后，才领悟到：没有好的习性，光是有工具和方法，就算侥幸赚了点钱，早晚还是会败光一切，然后被打回原形。

如果你有看新闻或翻阅理财杂志的习惯，就会发现，这世上有太多人白手起家，赚了几百桶金后，往往因为一意孤行或好大喜功而做错决策，一夕间赔掉几十年努力的心血，甚至还负债几千万到几十亿。

相对的，也有些人身无分文，或是从小生意做起，慢慢地过关斩将，几十年下来稳步上升地成为国际级的巨富。

他们成功的共通点，不外乎是坚守纪律，不做自己不懂的事，而且在几十年的征战中，养成许多好习惯，而这些习性也经常在关键时刻救他们一命，甚至让他们反败为胜。

我个人认为，郭台铭和孙正义是产业界中坚守精英习性的典范。杰西·李佛摩和巴菲特则是商品社会中的诸葛亮和司马懿。

　　我的出身很平庸，没有机会接受良好的教育，因此我一直过得很窘迫。学生时期穷得吃不起饭，二十几岁的时候变成一个穷忙族，直到临近三十岁时我才惊觉，我的人生再这样穷忙下去，一辈子都无法翻身。

　　于是我闭关苦修做生意的方法，隔年就成立公司，几年后，成功地利用系统性收入让自己获得了一点积蓄，同时也开始投资股汇市场。当然，我的财富没有办法和郭台铭或孙正义比，但和我自己的出身比起来，已是有太多的进步，只要我能改善自己的财务状况和生活质量，我就已心满意足。

　　没想到几年后我因为太相信好友，结果被倒账近千万元，公司倒闭，这是我第一次破产。

　　我就这样被打回原形，经过几年努力东山再起，走了几年大运，赚了几千万元，却又因为过度操劳病倒，公司陷入混乱，更没想到公司管理层上下其手或罢工不作为，又损失了几千万元，我的资产又重新归零，而且开始负债。

第三次再起没多久，又刚好碰上市场不景气，业绩直落，我只能裁员缩编，同时变卖家财来渡过难关。后来，我重拾年轻时闭关修炼时的底子，进入商品社会，通过操作股票来稳住局面，公司也得以继续运营下去。

这些历程曲折坎坷，经过反省和归纳，我领悟到一个通过赔了几千万后才得到的启示，就是我前面所说的：没有好的习性，光是有工具和方法，也无法真正成为有钱人。

例如，我太相信好友，没有戒心，让我第一次破产；我高估身体的极限，忽略高管们也有人性弱点，让我第二次破产；我没有警觉到经济开始变得不景气，错估局势做错决策，让我再次吃了败仗，损失惨重。

每当我的朋友为我的遭遇抱不平，怪罪那些倒我账的友人或背叛的高管，甚至怪经济不景气、萧条时，我都会纠正他们，真正的凶手不是那些人或经济不景气，而是我多年养成的不良习性。

老实说，我身边许多老板级的朋友，也都经常上演偶像剧的桥段，像是有钱大老板一夜间成为大楼管理员，或是家境富有的富二代，瞬间变成负债数亿的泊车小弟。

说来心酸，但这些都是商品社会中的常态。每天在全世界的一些角落，都有人从富人变普通人，也有穷小子翻身成大富豪或上市公司的大老板。

然而，这些故事都只是少数人的戏剧化人生，大多数的人都还是工薪阶级或白领，如果从年龄来看，三十岁以下的年轻人大部分都不是有钱人。

对这些想要成为社会精英的年轻人，我想说的是，如果你真的很想成功，那么，你要从我的过往经验中汲取教训，用心思考我年过四十才幡然醒悟的真理：人性的弱点，才是让人被失败绑架的主因。

你必须让大脑中所有的美好期望全部破灭，炸成碎片，把梦想的伪装炸掉，看清人性不是你所想的那么简单。那些会阻挠你成功翻身的，不仅是你

身边人的人性黑暗面，更大的凶手是你自己的人性
弱点。只有先让自己幻灭，你才能拿到"成功"的
入场券。

再者，不管你是想建立系统性收入，也就是打
造一台印钞机，还是通过商品社会的投资，也就是
非劳务所得，从而让自己致富，切记，在这个战场
上的每个人，他们的想法都跟你一样，他们的聪明
才智也都不比你差，他们的努力和用心也跟你一样
多，甚至比你更多。所以，你有什么资格让他们赔钱，
而让你自己赚到钱？

老实说，我个人在商品社会中厮杀多年仍能存
活下来，靠的不是内线或求神问卜，而是纪律和经
验值的累积。毕竟，没有人会教你该如何操作股票
或期货汇市，更不会有大户或主力告诉你哪里是陷
阱，或是你该戴几顶钢盔才不会变成炮灰。

如果你想成为商品社会中的老将，你就必须不
停地和亏损、死亡、恐惧打交道，通过痛苦来累积
经验值，通过每次的阵亡让自己重生为更老练和更

有纪律的战士。

说来讽刺，这世上有太多人想在商品社会中成功，但我说过，即使你有专业的工具和方法，你也无法成为常胜将军。

我看过太多的专业交易员和作手（作手，特指在金融市场中受过良好教育，思路清晰、勇于冒险的交易者），就是因为不遵守纪律而惨遭五马分尸。这里说的纪律，不是光靠嘴巴说说就可以养成的，而是要经过长时间的练习，才能成为帮助自己成功的条件。

话说回来，虽然有关成功的方法，不见得都是从事商品市场中的操作，但不论是做生意、创业或是从事商务买卖，或者是成为专业上班族，成功之道无他，核心道理都和股票交易员及操盘手一样，只有养成好习惯和好纪律，才能在恶海中驶得万年船。总之，没得靠或不想靠家族父母长辈，想靠自己白手起家，靠自己成功的朋友，你必须知道，这场改变命运的旅程，完全是你和自己的战争。

如果你真想成功，除了要有过人毅力和耐心，还要能享受孤寂恐惧，此外还要有祖上的保佑，让你避开陷阱地雷和天灾人祸。

最重要的是，你一定要养成许多好习性，在四面楚歌时能够保护自己，在挫败低潮时能够支撑自己，在机会来临时能够督促自己。如此，你才有可能打赢这场仗，你才有可能在历经九死一生后，站在成功的光辉高台上，品尝自己的成就和荣耀。

这本书，是我个人几十年累积归纳出来的一些好习性的分享。因为是我个人的经验值，不免有主观成分，当然无法放诸四海而皆准。然而，如果你能从本书中得到启示，学到经验，能让你少缴点学费而顺利抵达成功的彼岸，我想，花时间多看几次这本书，也是值得的吧！

第一章

寂寞的价格，有些人一辈子也看不见

▲ ● ■

你 不 用 努 力 活 得 跟 别 人 一 样

/ / /

很多人都会想方设法去逃避寂寞、找各种方法去对抗寂寞，然而只有真正经历过成功的人，才能看得到寂寞的价格。寂寞对于每一个人来说都是弥足珍贵的财富，它让你能享受最好的，也能承受最坏的。

寂寞的价格，有些人一辈子也看不见

我曾在过年前，通过朋友介绍，去一家老店买一盅佛跳墙回家。那家老店的佛跳墙，是我吃过最不油腻且最甘甜香醇的极品，当然，价格也不便宜，但我觉得物超所值。

当时我问老板，市面上佛跳墙那么多，他炖出的佛跳墙为什么这么好吃？

本来，我以为他会说是火候的到位和材料的新鲜，但他却说不是火候，而是耐心，因为，没有耐心就没有火候，再好的材料也会变成一团杂菜糊。

我乍听觉得很有道理，但想了想，又觉得不对劲，再问老板，为何要强调耐心？现在不是有计时器和自动火炉可以帮忙炖煮？

老板说，佛跳墙要细火慢炖，食材也要依时间和火候分批入菜，他们都是依古法炖煮，火候和入菜时机都要靠经验来判断操作，没有办法用计时器。由于这一炖少说也要十几到二十个小时，厨师从头到尾都不能离开，必须很有耐心和过人的意志力。

然而，耐心人人都会说，但到头来有耐心从头照顾到完成的人实在太少。因为人都怕寂寞，人一旦耐不住寂寞，就不会有照顾佛跳墙的专注力，没有专注力，炖出来的东西味道就会走掉。

不仅是佛跳墙，这世间所有美好的事物，都是需要耐心煮出来的

可是，没有忍住寂寞的功力，就不会有耐心和专注力，说到底，主厨真正的过人之处，不仅仅是厨艺和经验，还要能耐得住寂寞。

话说回来，这些成功炖煮佛跳墙的厨师，能耐得住寂寞，想必是他们早就看到做这行的"寂寞价格"很高，而且值得做，这点应该是许多耐不住寂寞而落跑的厨师看不见也想不到的。

因为，他们害怕寂寞，就像在荒岛上害怕被大家遗弃一样，所以他们愿意花钱和时间，去找人打牌、逛街、看电影、约会，或买点数玩游戏，或者吃饭、唱歌、喝酒，最好把自己搞到面目全非，才不会感觉到度日如年。

从前，有个犹太人到美国当兵，每次放假时，他就主动申请留营，在营中有吃有喝有住，又可以看书进修，他觉得这个假的价值很高，唯一要克服的，就是自己的无聊和寂寞。

他的同袍大多是美国人，这些美国大兵看他每次都不出去狂欢赌博或喝酒找一夜情，就把他当怪咖，有机会就欺侮他。然而，几个月下来，美国大兵们发现自己的薪饷早就花光，没有了钱，出去外面根本没有人会理他们。

这时，犹太人就把自己几个月存下来的薪饷，拿出来借给美国大兵们，只是利息比外面银行还高出几倍。

美国大兵们觉得利息太高，于是，犹太人就呛他们："如果不借钱，就和我一样乖乖地在营中看书吧！"美国大兵们习惯了放假狂欢，要他们留营等于要他们的命，最后，尽管利息很高，他们还是借了钱出去玩。

就这样，几年下来后，美国大兵们欠了犹太人不少钱，犹太人成了他们的大债主，这时，美国大兵们反而对他毕恭毕敬的，再也不敢霸凌他。隔年退伍前夕，犹太人和美国大兵们结算债务，美国大兵们这才发现，他们欠下的债务，竟然是薪饷的好几倍，气得破口大骂犹太人是吸血鬼。

这时，犹太人反过来骂他们不知感恩，而且，他们都忘了那些放假狂欢的美好日子，要不是他能忍住无聊寂寞，美国大兵们哪来的钱出去玩？他忍住寂寞，放款给同袍收利息是天经地义的事，如果他们觉得债务太高，那么，他们就要接受且认清，他们的"寂寞价格"就是这么高，他们不想忍受寂寞，当然就要付出相应的代价。

美国大兵们听了，个个哑口无言，有钱的付钱还债，没钱的签下本票或借条。后来，这位犹太人退伍后，就耐着寂寞苦读，考进银行工作，二十年后成了拥有亿万财富的银行家。

没有耐心，忍受不了寂寞，一直是许多平凡人无法成功的主要原因

许多人都看不见自己的"寂寞价格"，所以也不可能得到寂寞背后带给他们的价值。然而，这些人不懂的是，富人成功的关键，不仅在于他们能看见自己的"寂寞价格"，更重要的是，他们还能预见有人会不惜成本地逃离寂寞，如此才能从这些人逃离

寂寞的过程中获利。

所以，近年来寂寞产业才会突然兴起，据估计，每年有几百亿美元的产值，包括电影、KTV、酒吧、购物中心、社群网站、手机及在线游戏等，都是有钱人看准一般消费者无法忍受寂寞，从而制造出的无限商机。

如果你已经是亿万富翁，或是年过五十准备退休的人，你可以不用去管自己的"寂寞价格"。倒是年轻人和穷忙族，虽然薪水和收入不高，但你们的"寂寞价格"反而特别高，因为你们的寂寞中藏着时间价值和学习价值。说白一点，你们在工作和事业发展，在自我学习升级和投资报酬率的成长性，都有很大的潜在价值。

趁年轻，趁假日或周末大家都在花钱逃离寂寞时，你们反而可以把这寂寞时间，用来自我充实专业知识，或是学习新的技能，让自己的竞争力和市场价值提高，才可以把寂寞价值最大化。

否则，每到假日或周末，就一次次地把时间金钱耗费在玩乐上，等到年纪过了四十，体力和心力都下降，"寂寞价格"也下降时，你们拥有的只是负债，而没有资产和未来。

人生，就像炖煮一盅佛跳墙。没有耐心，无法忍受寂寞，没有专注力和过人的毅力，你就无法善用时间的力量去练就绝世功夫，打遍天下无敌手。

从现在开始，每当放假或下班觉得寂寞时，不妨帮自己算算，自己的"寂寞价格"有多少。只要你看得见自己的"寂寞价格"，慢慢的，你就会拥有享受寂寞的能力，也会懂得利用寂寞时刻来投资自己，有了比别人多的寂寞价值来加持，你要在几年内变成成功人士，绝对不会是难事。

别让人生死在"便宜货"手上

我有位以前的女同事，多年不见再联络上时，她竟然成了乳癌患者，幸好发现得早，目前正在做化疗。

我记得她的家境不是很好，也因为这样她平时都很节俭。她年纪很小的时候就出来勤工俭学，不到三十岁就有了自己的房子，她的毅力和决心让我们许多同事都感到佩服。

但是我一直想不通，为什么她会得癌症呢？

后来听另一位同事说，才知道医生从她的饮食、日用品和居家环境去推测，应该是长期接触环境荷尔蒙引起的。

环境荷尔蒙这个东西大家应该都听过，我也知道这个东西存在于塑化品和洗发沐浴清洁用品里，但没想到她会因此罹患癌症。

几天后，我和这位女同事深聊，才知道她长期以来为了省钱都去夜市买清洁用品和香水。

得知了这个答案后，我很想跟她说："节俭是美德，但很多人太过省吃俭用的结果，就是让自己的钞票和人生都死在了'便宜货'的手上。"

贪小便宜，是你的致命伤

我不是要大家都去买贵的东西，但是像夜市里这种没有品牌、没有厂商和主管机关检验标章的东西，你也敢买回来，这代表你真的是为了钱连命都不要的笨蛋。

我有个朋友在环保署工作，我问他为何政府不重视环境荷尔蒙的杀伤力，他则喊冤说，政府一直都在倡导千万不要买夜市上来路不明的清洁用品，但民众就是贪便宜，他们也无法抓遍所有夜市里的不合格清洁用品。

他还说，民众真的太低估夜市中不合格用品的杀伤力了。例如，很多厕所或车用芳香剂，都掺了超标的人工香精，闻多了铁定致癌。

此外，夜市里的便宜指甲油，容易甲醇挥发，伤害神经系统。尽管很便宜，但是也等于是在花钱买毒药，毒死自己和家人。更可怕的是香水和精油，这类东西几乎全是由化学元素人工合成的，是能够致癌的超级毒物。

无奈的是，有些人的思维不会这么严谨，也容易被媒体和厂商误导。

例如，厕所芳香剂，实际上没有除臭的功能，它只是用更强的人工合成香味，来麻痹人们的嗅觉，它只能掩盖臭味，欺骗我们的大脑，事实是屋内或车内的细菌和霉味都未曾消失，那些危害身体健康的因子都还存在。

更可怕的是，汽车里的芳香剂，不管是夜市或正规市场出售的，都是一旦遇到高温，甲醇挥发率就会变高，车内的人如果吸入过量，只会死得更快。

所以我曾说过，因为生活得很普通，所以更应该买国际精品级香水，毕竟人家有百年历史，尽管自然植物萃取的精油，不代表都没有毒，但国际企业在质量处理上，会比较用心且专业，这是夜市上的精油和香水所不能比的。

贪小便宜，始终是许多人不曾发觉的隐性贫穷习惯。

相对的，有钱人之所以爱闻天然花香，不是为了炫富或追赶潮流。从欧洲香水工厂动不动就百年历史来看，他们的香水质量如果很糟糕，早就一堆人致癌而死，不可能生意越做越大，还扩展到世界各地。

同样的道理，除了香水、精油和清洁用品，很多人都爱吃夜市料理，其中的很多东西也都加了大量的人工味精等化学调味料，或者使用回收油，这些都是杀人于无形的毒物。

"活在当下"这句话，对大多数人来说是一个诅咒，而不是励志格言

我因为身体不好，多年来都尽量吃家里煮的食物。有一次和朋友去夜市逛，为了陪外地来的朋友品尝夜市美食，我也跟着吃了一些东西。

或许是我太久没吃这些，我把料理放进嘴里，没多久，我的舌头和口腔立刻觉得刺痛，很不舒服，像火烧灼热一样，又像有千百只蚂蚁在口腔里开运动会。

我当下即明白，这些小吃中掺了不少人工味精
等化学调味料。像我这种长期不碰人工化学添加物、
吃惯天然食材的人，对人工合成物敏感也是正常
的事。

但我再回想，我年轻身体好时，也常常吃夜市
的小吃，为何那时不会有不舒服的感觉？原因很简
单，因为那时的嘴巴、舌头等感官早已被麻痹，就
算吃下毒物也会无感，更何况是这些如人工味精之
类的化学调味料呢？

根据新闻报道，许多日本上班族都流行带便当
去公司，一来是为了省钱，二来也是为了健康，否
则，未来一旦罹患癌症，高额的医药费必会吃掉他
们的老本。

大多数人所持有的坏习惯之一，就是只求眼前
安稳，不去想未来会怎样。

有些人很难改变命运，也是因为他们的钱，往
往都浪费在"便宜货"的手上。或许现在省了几百元，

但未来却要付多达上百上千倍的手术住院费和医药费，这笔账怎么算都划不来，这种赔钱生意，我想没有人会想去做的。

不要让别人代替自己去思考

我认识的股民里面，十有八九，都是把股神的名言当成圣旨一样，但是这帮朋友里面有 80% 以上都在股市中跌得七荤八素，每次惨赔都不知道问题出在哪里。

为何散户在股市里面愿意相信"股神"，而那些有能力的操盘手却把股神说的每句话都当成戏言？

普通股民和资深操盘手，就只有一个微小的差异，那就是：资深操盘手们懂得自己思考，而普通股民却只是在随波逐流。

简单来说，资深操盘手们喜欢通过吃高蛋白的食物而让自己大脑时常充满能量，从而买卖外币时，能够深思熟虑，长远布局。然而，同样是买卖外币，普通股民喜欢坐在计算机前，边看着外汇线图边吃着洋芋片，就会越吃越烦躁，沉不住气，还没等到全面想清楚，就出手下单，往往事后都会非常后悔。

在这种悬殊的情况下，资深操盘手对"神"字辈投资大师说的话，都有很大的存疑，绝不会照单全收。如果你听了投资大师预测的市场趋势，一旦市场走势跟大师预测的不符，害你惨赔，你也只能自己来承担后果。

那些"专家"所说的，都只是谎言

不幸的是，散户们从不相信"神"字辈的大师也会看走眼。

像是巴菲特、葛洛斯等，都曾在媒体面前当众赌赔过。如果这些"神"字辈人士，每次预测都能中，那么所有的钱都会被他们赚走，商品市场早就崩盘了。

此外，一些投资顾问、分析大师也经常在电视上不停地修正自己的投资策略，修正太多次就抵赖，抵赖不过就会生气，生气完会再重新开项目招收会员，然后再修正再抵赖再生气。

所有财经专家讲的话，都有时效性，例如巴菲特，当他说，他现在看好可口可乐，一般的散户不加思考就会跟着买进。可是，有钱人懂得分析，既然现在大家都知道喝多了可口可乐可能会对身体健康造成一定伤害，为何巴菲特还看好可口可乐？

如果巴菲特是在十年前，说可口可乐前景很好，由于当时信息还不像现在这么普及，大家也不像现在一样重视健康，以当时的环境来说，你相信他的说法，还情有可原，但现在大家对健康的要求增高，医学知识又那么普及，如果还有人相信他的预测，那就真的是缺乏自己的思考了。

时常补充自己脑中的能量，不要让别人代替自己思考

举例来说，我有个朋友，就曾是巴菲特最忠实的"信徒"，他刚进入股市时，看了好几十遍巴菲特的书，还把巴菲特的名言贴在桌上，时时警醒自己。

当时，他还改不掉自己不良的饮食习惯，喜欢边看盘边吃零食、喝饮料，结果导致他常常心浮气躁，无法冷静思考。某天，他看到某财经杂志上刊登的一篇文章说巴菲特"看好"可口可乐，于是，他也没多想，立马就买了可口可乐的股票，结果，直到现在，他的股票还被套牢着，一大堆美金被绑了好几年，动弹不得。

相对的，我的另一个老友，察觉到自己常吃的垃圾食物居然是造成"贫穷"的最大凶手，就开始试着戒掉这些恶习，过了没多久，他的大脑也开始能有效率的思考，从而让他顺利转换跑道，月薪翻了好几倍。此外，他在投资时，也不再只通过理财杂志的文章就快速下单，而是会去找资料，找出事

物间的逻辑性，有条理地分析各种市场信息。

其实，如果你不懂得分析市场、辨别真伪，就轻易相信媒体的消息，或是朋友报给你的优质股，就算你有富爸爸、富妈妈、富爷爷，名下有一大堆祖产，也不够你赔。

有年轻人听我这样说后，好奇地询问："市面上有很多股神的书，不是都很热卖吗？那些买书的人，难道都是笨蛋？"

很不幸的是，那些跟风买书的人多半都毫无思考能力。买书后，如果完全不看，那倒还好，如果看了后把书上的每句股神名言，都当成座右铭，毫不思考、怀疑，然后就去跟着书中内容下单，那就可能会造成严重的后果。

相信我，股神的书越热卖，就害死越多人，越多人相信他，就越多人破产。当然，电视上的分析师也一样，如果你有时间，就把他的节目录下来，三个月后再看他们的预测有多少是准的，这样的科学验证，绝对比听他在那边口沫横飞地演说，然后你跟在后面下单对你更有利。

老实说，在我看来，大多数的投资顾问老师本质上和命理师差不多。例如，半年前他会推荐十只股票，半年后有一到二只股票有幸被他们说中，真的不停上涨甚至狂飙，他就会不停地在电视上重播和歌颂自己的功绩，而剩下的那八九只预测失准，甚至股价反方向大跌的股票，他就会一个字不提，像是得了失忆症。

就算投资顾问老师很厉害，你照着他的话去买股票并且赚到了钱，这样反而更危险，因为，你是在不知道为何会赚钱的情况下赚到了钱，那就等于暗示你，如果有一天，他要坑杀你，你绝对必死无疑，而且还死得不明不白。

话说回来，根据我的经验，最容易被坑杀的，就是那些喜欢随波逐流的人。因为，他们的大脑内没有充足的能量，让他们能够好好思考。

　　相对的，为何有钱人脑中时常充满能量，总是能够作出独立正确的选择？我们常常在电影里，看到有钱人吃龙虾、高级牛排，那是有道理的，因为实验证明，脑力劳动者大脑中所消耗的能量主要由膳食中的蛋白质提供，而这些肉类中则含有丰富的蛋白质。

　　一个优质合理的饮食结构，不仅仅能保证一个人的身体健康，也可以让我们每天的心情轻松愉悦，从而帮助我们能够高效率高质量地进行工作。

看淡一切不迁怒他人，你才有资格成功

我永远记得，年轻时做生意被好朋友倒账近千万元的那晚，那时候太年轻，没有被倒账和亏损的经验，于是我每分每秒不停地悔恨自责，同时我的情绪变得极差，时常让我处于极度不安的恐慌中，连续好几天吃不下睡不好，交感神经过度亢奋，脾气也因此变得暴躁。

因为好朋友的倒账，让我的公司也跟着倒闭，许多领不到货款的厂商放话要上法院告我，员工也因为领不到薪水吵着要找劳工局。

那阵子，我气得血压飙高，气那位好朋友人间蒸发，同时每天不停地自责，胸口开始闷痛，甚至感觉痛到要吐血。

后来，我大病了一场，住院好几天，但公司倒闭和欠款的事，还是要面对和解决。出院后，我开始找律师来协助处理债务。

当时，有位长辈跟我说："这次被倒账，绝不会是你人生中的最后一次亏损，以后这种事还会发生，而且会越来越多，躲也躲不掉，不如早一点学会放松心情去处理，否则，每亏损一次，你就要吐血住院，元气大伤，那你肯定活不了多久。总之，不管发生什么事，日子还是要过下去，要做生意，就要习惯这种事。"

老实说，长辈说的话真的没错。半年后，我终于处理完被倒账及公司破产的事，这时我才发觉日子仍然可以继续过下去，地球也不会因为一次倒账就停止转动。

几年后我东山再起，重新创业，接下来的日子，果真陆续又遇到客户跳票、听理财专家的话买基金大赔、被员工诈领公关费和朋友借钱不还等事情。

慢慢地，我也已经习惯这些无法预料的地雷，面对亏损和挫败，我尽管又气又恨，但再也不会凌虐我的身心，让别人的过错来惩罚自己，同时也因为冷静处理这些事，才没有让我的损失继续扩大。

珍惜自己的身体，健康远比金钱更重要

有一次，我和几个朋友去拜访一位商界前辈，朋友听说这位前辈有个怪癖，那就是每次当他投资看走眼亏损时，他反而会找朋友来家狂欢大笑，不然就是和老婆出国去散散心，再不然就是去做自己喜欢的事，像是买卖古董和练书法之类的。

朋友问他："为何你可以有这种胸襟和修养，不会让亏损影响你的心情和生活质量？"

这位前辈笑着说："其实，我的修养不好，年轻时我也常为了事业不顺利或投资失败，气到身心失调，情绪低落。等年纪大了，医生警告绝不能再这么惩罚自己，否则我的心血管会急速发炎，中风或心肌梗死的概率会瞬间上升十几倍。"

前辈听了医生的话，心头大惊，后来才想通，既然钱已经亏掉了，绝不能再把身体也赔掉。

因此，他规定自己，以后投资如果有获利，没事就早点睡觉；投资失败亏损时，反而要开心大笑过日子。

相反的，我有一个朋友是券商营业员，平时除了接单自己也要下场去冲业绩。然而，当大盘陷入剧烈震荡，各种谣言满天飞时，买股根本就像是赌俄罗斯轮盘，大盘一下子大跌，隔日又大涨上百点，让他每天都被惯杀，亏损了不少。

然而，让他亏更多的，是他的情绪也跟着大盘忽冷忽热，让他的老婆和孩子每天心惊胆跳的，就怕他输了钱回家又对他们大吼大叫。

结果这种情形持续不到一个月，妻子开始打包
行李，说要带孩子先回娘家，而且要和他离婚，因
为没有人能够受得了他这样喜怒无常的日子。

这时，他才惊觉自己竟然把股市里的输赢情绪
带回家，而且加倍凌虐自己的妻儿。

他急着向妻儿道歉，也很诚心地问妻子："要怎
么做，你才能原谅我，不要离婚？"

妻子哭着说："很简单，你不要再做营业员了，
因为你没有胆量又没有气度，根本不适合这一行，
只要你转行，做什么都好，至少我和孩子不会每天
过得心惊胆跳，像活在地狱里。"

他愣了许久，突然跪下来求妻子再给他一次机
会，他实在很喜欢这个工作，只要再给他一个月试
试，如果他再把工作情绪带回家，他就立刻辞职。

　　果然，他开始试着改变自己的心态，不管今天赔了多少，踩到多少地雷，或是只差临门一脚就获利却被人家暗算，他都告诉自己要全部放下，一旦回家就是放松休息，好好地陪家人。

拥有一颗淡定的心，才能过优雅的生活

　　老实说，我从来没有看到过那些因为亏损挫败就气急败坏的人会翻身赚大钱的案例。

　　相反的，我认识的大老板，即使得知属下回报亏损上千万元，他们也是气定神闲地交代应对策略，然后继续和朋友泡茶聊天，而且不会让成败得失卡在心里，也不会显露在脸色上，无法享受一天的美好时光。

　　据说，台湾股市中有一位超级营业员，他曾因为台湾地区领导人选举前发生枪击事件并在选后第一天开盘就赔掉新台币近三亿元。

　　大家想想，近三亿元这个天文数字，不到半天就凭空蒸发，就算是郭台铭这类富豪，恐怕也做不到气定神闲，继续谈笑风生。

　　不过，超级营业员当天心情平静，没有哀声叹气，没有怨天尤人，更没有捶桌摔杯。那天，根本没有人看出来他亏损了差不多三亿元。

　　人性都是如此，没有人喜欢亏损，更没有人喜欢亏大钱。但人和人之所以有差别，就在于气度和格局的大小高低。

　　当你无法养成泰山崩于前而面不改色的气度，就算你侥幸中彩票，顿时身家破亿，你也没有能力去掌控这么多钱。很快的，你就会因为一点小亏损而自乱阵脚，元气大伤，很快就会被打回原形。

　　你是否能做到在面对亏损和挫败时，不去计较这些得失，反而开心地过日子，甚至开怀大笑狂欢庆祝？

当你没有真正面临亏损时，你嘴巴说什么都只是纸上谈兵。有胆识的话，下次你亏损时，如果你真的能看淡一切不迁怒于他人，才能证明你有资格当一个成功的人。

对钱的态度，决定你老年生活的质量

对想改变命运的人来说，三十岁是个可怕的人生关键点。

因为，如果你年过三十还没有意识到自己长年以来所累积的劣质习性已经在你的脑海里根深蒂固，那么你年纪越大，这个劣根就会越难清除。

尤其是你对钱有什么样的态度，就会决定你老年或晚年生活的质量。

很多人之所以过得平庸，最关键之处在于用钱的习惯。

年轻人十有八九在消费用钱时，都不会亏待自己，有的还很大方，到处请客或送人家礼物，出手毫不节制。然而，这样的人到了中年或老年，体力衰微、收入减少时，往往就会成为又老又穷又病的"下流老人"。

当然了，如果你有万贯家财，钱多到用不完，那么，你不用理会我说的，你可以继续挥霍钱财过日子，只要你高兴就好。

据说，现在四十岁以下的上班族，有高达四成以上的人都是月光族。尽管经济不景气的大环境下，薪水普遍不升反降，但他们的花钱习惯，才是让他们成为月光族的主要原因。

老实说，当你到了三十或四十岁，只要还有收入，你真的不会意识到自己的花钱习惯需要修正。

例如，许多上班族领了薪水，想抽烟就买烟，想和朋友聚餐，二话不说就出门赴约，想玩游戏就买点数，想买衣服就买衣服，心情不好不想坐公交车时，干脆叫出租车回家。

他们在花钱时，丝毫不会考虑这些消费是否必要，只是自己通过下意识的习惯而做出决定，让他们花钱时完全没有警觉性和记忆，直到信用卡账单来敲门，直到银行户头的钱只剩十位数，他们才惊觉事情大条了。

如果你才二十几岁不到三十，我只能说你还有本钱，可以这样放纵自己的坏习性；然而，当你到了三十五或四十岁以上，你再不改掉这种花钱不三思的坏习惯，很快你会尝到没有钱的恐慌和困窘。

因为，年过四十，身上没有钱，没有生活预备金，没有存款和资产，甚至连房租或保险费都交不出来，你除了要承受生活上的困窘外，还要承受周围人歧视的眼光和批评。

人生如果真的走到了这个田地，你也只能后悔自责：自己年轻时为什么不多存点钱？但再多后悔都没有用，你无法像电影里面的场景一样走进一间照相馆，拍个照就回到二十岁。

更惨的是，以你这个中老年的年纪，要重新靠劳务收入来改变命运，不但你的身体会抗议，也没有老板敢冒着风险雇用你，因为他们就怕你在工作当中有什么意外或突然中风或心肌梗死，这样不但要付慰问金，还会惹来一堆麻烦。

更残酷的是，当你有急用想借钱周转或想买房子时，所有的银行也不会借钱给你。这真的是最残酷的事实，因为你的年纪和收入，都会在银行的评分表中，把你的综合评分拉下来。我想，十家银行中可能就有八家不敢借钱给你。

就算有一家银行肯借钱给你，额度也不会太高，利息也不会太优惠。

我这么劝大家，并不是我太功利或势利，我只是一个看清商品社会残酷面的现实主义者。

如果不改变自身的习性，口袋里的钱再多，依然还是不够用

我住家附近有一家快炒店，生意非常好，老板很年轻，才三十出头。他不但炒菜功夫过人，体力也好，整家店经常就只靠他一个人，从中午炒到凌晨二点，他也不喊累。可想而知，他店里的生意越来越好，他也赚了不少钱，没多久他又另外找厨师在另一区开了分店。

他的老婆曾劝他保守点，先把一家店顾好，但他觉得机不可失，要赚钱就要把握好时机。不到半年，这两家店就让他赚了近千万元。

他有了钱之后，开始和朋友上酒店，一晚就花掉十几万元，此外，他还和朋友到处去赌博，店里的事也不管了，全放给厨师和老婆去打理。

就这样，不到几个月时间，他就把赚来的钱花完，还欠下几十万的赌债，穷到连店里要买菜都没有钱。最后，他只好把两家店都顶让给人家，拿了

钱还债后，全家搬到偏僻的郊区，租了间铁皮屋重新开始。

虽然那边都是工业区，但他的快炒好吃又便宜，附近的工人也都来捧场，很快他又赚到几百万元。

这次他学乖不赌不上酒店了，却和朋友学打高尔夫球，晚上又去KTV喝酒，还在那里认识了一个女公关，没多久二人就同居，他还买了一辆进口车给这个小三，每天晚上和朋友到高档餐厅吃饭，又带小三去百货公司买一堆包包、衣服、鞋子和手表配件，花钱毫不节制。

可想而知，他这种乱花钱的坏习惯，不到几个月又把赚来的钱花光。

当他口袋没有钱时，他的那些酒肉朋友和小三个个避不见面，他才从大梦中惊醒。

听他老婆说，他这样子不停地开店、乱花钱、关店，前前后后差不多重复了五六次，连他老婆也受不了他爱乱花钱的习性，带走孩子跟他离婚。

后来，他老婆带着孩子回到我们社区，租了个小店面卖起担仔面和卤肉饭，我常去消费，才知道他惊人的花钱事迹。

隔年，这位快炒高手，竟然拖着一身病回来找他老婆，他老婆本来不愿收留他，但终究心软，让他留下来打杂。

他因为长年日夜颠倒、烟酒不断地过着夜生活，就算是铁打的身体也受不了，他也因此得了肝病，整个人又虚又瘦，这个时候，让他拿起铲子帮忙炒个蛋，他都累到气喘，根本不可能再重操旧业，靠快炒店东山再起。

有一次，我去店里吃面，吃完数了数口袋的零钱，少了五块钱，他边咳边说没关系，我以为他的意思是说不用给了，反正是多年的老顾客，没想到他却说让我欠着，下次来再还就好，而且一定要还，他会记住的。

　　我听了这话心头一震，倒不是计较那五块钱，而是他对钱的态度竟有如此大的转变，让我感到不可思议。

　　以前他挥金如土，每天晚上花个十几万，小费随便出手都是上千元；现在则是为了五块钱，把我的欠款牢记在心。

　　他似乎也读出我的眼神，自嘲地说："如果有时光机，我真的想回去重头再来一遍，那时，我功夫好又年轻，一定会把赚来的钱都存起来，才不会像现在这样，坐个公交车少三块钱人家都要计较，看病挂个号少十块钱人家就给脸色看。唉，人老了病了，才会知道钱的重要，没有钱真的是一点尊严都没有。"

　　说着，他又叹了口气，我要他放心，下次来一定会还他五块钱的。

学会为自己的将来做准备

在这个商品社会的丛林里，钱就是命根子。现在的许多年轻人和月光族，不等到又老又病又穷是不会领悟这个道理的。

我这几年也遇上一个劫数，生了场重病，差点死在医院。

还好，因为我年轻时就开始买保险，到了这时候总算有了用武之地，但就算这样，也还是花掉了一大笔钱用来调理，才慢慢康复。现在的我不算富有，但比起许多人因为年轻时没有存钱或买保险而付不出医药费来说，我算是幸运的。

也正是因为这种病，让我深深体悟到，钱对年轻人来说，等于是饭，年轻人体力好，一两天不吃饭也不会死。

然而，对中年人来说，钱就等于是水，只要一整天不喝水，不死也会丢了半条命。

到了又老又病的时候，钱对老人来说，等于是空气。空气一旦变得稀薄，老人的身体很快就会承受不住。

不幸的是，全世界经济不景气，加上少子化和低薪潮，未来弃老潮将如大浪来袭，现在不开始谨慎用钱，以后不仅活得没有尊严，还会连看病挂号费都付不出来。

总之，没有尝过山穷水尽滋味的人，不会知道钱的重要性。

奉劝现在还能动、能工作的年轻人，趁着还有收入，一定要改掉花钱不三思的习性。

毕竟，这世界还没有时光机，没有办法让你在中老年时往回走，但你可以通过这篇文章，把自己的意识往未来投射，预见中老年的处境；然后，开始改变用钱的习性，为自己的中老年生活存点命根子。

你会发现，预见未来且在当下改变这件事，会比时光机更能改变命运。

耐得住时间的考验，
才是最有价值的投资方法

其实，三国战史中，诸葛亮不是最聪明的人，他只是肯下功夫搜集信息，再花时间分析，才能先于敌人做出决策。

在我看来，三国中真正的谋略高手和最大的赢家，不是诸葛亮，而是司马懿。

因为，面对诡谲多变的战局，真正的赢家不需要聪明才智和重兵利器，而是"忍功"，谁能忍得久，可以隐忍得让人察觉不到他的雄心和存在，才能让

自己处在乱局中的最佳部位，才能认出大局的真正
走势，做出最佳的战略布局。

　　我这里说的"最佳部位"，就是指股市中的底部
区，谁可以在底部区默默地布单，谁就有最大的胜
算，而且也有足以撼动全局的影响力。

　　然而，包括诸葛亮和周瑜在内，他们虽然聪明，
但都是急性子，忍不了被威胁，忍不了大业未竟，
急着六出祁山图霸天下，最后，还是都败在最能隐
忍的司马懿手上。

　　同样的，在股市中，真正能忍受被轧空手（轧空，
股市用语），可以等到底部区出现的人，实在是少之
又少。因此，如果你真的想走向成功，你需要的不
是一些华尔街电影中的黑心和小聪明，也不是秃鹰
集团的造谣诈骗，更不是傻傻地埋头苦干和省吃俭
用，而是隐忍的功夫。

笑到最后的往往不是实力最强的人，而是最能隐忍的人

股神巴菲特有句名言，我觉得很有道理，他说："耐得住时间考验，才是最值钱的投资方法。"那个能让你赚到大钱的秘诀，不是你的聪明才智和努力苦干，而是耐心等待的功夫。

我说过，人性中最难克服的就是贪心和恐惧。

因为贪心，所以大多数的人，没有办法度日如年般等到底部出现，只要有小利可图，就算是冒着风险短线追高也在所不惜。

再者，因为恐惧，只要大盘或市场景气跌到谷底，人人都只会想到更坏的状况，好像明天就是世界末日一样，没有人敢进场或在不景气时创业。

因此，股神和许多有钱人致富的共通秘诀："耐心等待"，指的不只是要有耐心等到底部出现再进场，也代表你要对股票和股市有耐心，让它慢慢涨

到最高点，再获利了结。

世界上为何总有 80% 以上的人生活得都很普通？关键就在于他们无法练成耐心等待的功夫，他们总是在行情的最高点才进场，在最恐慌的最低点认赔杀出。

就算他们真的敢在底部买进，只要行情上涨一点，他们就忍不住卖出。

同样的，行情从高点才拉回一点，他们就害怕行情会继续大涨，怕自己错过下一波大涨，让贪心蒙蔽理智和纪律，又傻傻地追高，然后被主力坑杀，血本无归。

所以我说过，面对这个残酷多变的商品社会，成败的关键不是金钱上的对抗，而是一种心理上的博弈，拼的是谁能克服自己的人性弱点，比的是谁可以比别人更有耐心和纪律。

台湾有个股市大户，他以几十万的资本在股市中赚到近百亿的获利，靠的就是长线投资，而且投报率都是数十倍的涨幅。

他有个长期投资的心法，那就是要学会"被套牢"的操作法，意思是即使他在底部买进的股票被套牢，他也会用"忍术"忍着不卖，忍到股价不会下跌，忍到法人开始认错回头买进，就这样，他总是搭着法人的筹码浪潮，一路赚进几十倍的获利。

同样的，除了股市之外，创业和经营事业也是如此。

许多原本是小企业的公司，例如建设公司或小餐厅，还有贸易公司和连锁超市等，他们都是趁着全世界的经济行情跌到谷底时，当同业都放弃市场，当大家都不看好不敢投资时，趁着这个低档开始进场投资布局，像是大举招兵买马或扩店。等经济好转时，他们先前的布局开始获利倍增，市占率也跟着拉高，这时，其他同业要追也来不及了。

因此，不管是上班族还是企业主，许多人一辈子都在穷忙，关键就在于他们总是在行情和经济不景气时杀低，等到经济好转，他们才惊觉行情已经反转，又急着追高，但追高往往都是风险大于获利、成本高于利润的事，所以，他们总是又忙又累又赚不到钱。

走向成功最关键的就是耐心

穷忙族要如何走向成功？

关键秘诀真的很简单，就是耐心、耐心和耐心。

因为太重要，所以说三次。

如果你不信，不妨趁假日时，把《三国演义》再拿出来看三遍，你会发现，即使三国群雄的谋略兵法再强，但没有耐心布局，没有耐心等待天时地利人和，没有耐心等时机成熟就贸然进攻，没有等佛跳墙火候到位就掀锅关火，一切都是白忙，而且还会蚀本或遭追杀，下场就是赔了夫人又折兵。

有位投资顾问老师说得很好："股票做对趋势的人，每天都很闲，因为他不用每天进出，他只要在终点等着收钱就好；相反的，看不清走势或是看错走势的人，每分每秒都很忙，忙着杀低退场，又忙着不甘心追高。"

这种情况就像是诸葛亮在三国征战中，总是气定神闲，而那些搞不清楚形势的敌军将领，总是疲于奔命，最后还是被杀得片甲不留一样。

总之，你想要脱贫赚大钱，就要学会提前搜集信息、算计谋略、分析、布局、耐心等待和纪律。

因为，这才是真正赚大钱的心法。至于许多华尔街电影或小说的情节，当成娱乐看看就好，不要信以为真。如果你傻傻地学人家炒短投机，下场就会跟股市中被坑杀的散户一样，血本无归、悔不当初。

把理财过成一种生活，时时刻刻进行

如果你没有严守纪律的认知和能力，做决策喜欢随心所欲，作息也乱七八糟，吃东西没有规划，又不能约束自己，那么，即使你八字再好，不小心赚到大钱，我相信，很快的，你的财富就会被你没有纪律的不良习性迅速败光。

真正有本事的有钱人，在理财时会严苛地实行计划，即使是在日常生活中，他们对细节的掌控也毫不松懈，因为，投资理财不是单独存在的一个活动，而是一种生活的风格和态度。

例如，就像专业棋手或运动员，他们要在竞赛场上得到成功，光靠不停练习是不够的，他们还要持续地用纪律来管理自己的身体和大脑，让身心保持在最佳状态，甚至有些国手级运动员，出赛前还要请心理咨询师为他们的潜意识做调整，有人还要通过催眠排除许多心理障碍。

同样的道理，就算你通过努力工作或凭借运气侥幸能成为有钱人，然后你用钱到处吃喝玩乐，不顾自己的健康和心理状态，整天熬夜，最后搞得连自己也不知道自己是谁，在这样的情况下，你还想保住自己的财富，那可真是痴人说梦了。

不懂得克制自己的人生，只是在随波逐流

我有个富翁朋友，就是最好的例子。

有一次，他和朋友去饭店吃下午茶，以往他在这种聚会上，都只喝茶，或吃一些咸的餐点，很少跟着大家一起吃甜食。但这次的聚会，有个朋友去自助点餐区拿了一盘糖果，糖果看起来非常鲜艳，因此每个人都拿了一颗糖果来吃，除了富翁朋友之外。

有人注意到他没吃，就劝他说："才吃一点点，没关系啦！"在大家的怂恿之下，再加上那盘糖果看起来非常吸引人，他就吃了一颗糖果。

由于那些糖果加了一些人工色素、调味剂和化学香料，因此，回家之后，他立马觉得身体不太舒服。隔天，大脑就不太清醒了，结果因此做错投资决策，但他却完全没发现。过几天后，他查看交易记录，大吃一惊："我怎么会做那种决策？"

简单来说，他只是吃了一颗糖，没有实时避险，资产就缩水了，赔了不少钱。所以，那个富翁朋友，在发生这件事之后，就再也不吃任何甜点。

其实，在投资环境中，会有金融海啸、汇率升降息等系统性的风险存在，在风险发生之前，就会出现很多信息。如果美元升值，或是台币贬值，而你却没有做该做的避险动作，早上醒来你就会发现你的全部资产会因此缩水。

所以，在有钱人的世界里面，他们在任何一个时刻，都不允许误差的存在。

举例来说，新闻曾报道，赵薇要跟阿里巴巴合作，那时候，大部分的人看到新闻，都说："哇！赵薇应该赚翻了！"

没过多久，阿里巴巴的股票大跌，赵薇只不过是"没有任何动作"，只是把手中的股票放着不管，她的身价就因此缩水了不少。从以上例子可以看出，即使你不做任何动作，也会在背后中枪。

一般上班族，身上没有那么多资产，可能无法体会。但是，如果你立志要当有钱人，你一定要了解"纪律"对你的重要性。

事实上，那些让你上瘾，让你无法控制自己的东西，都是"糖"，所以，你一定要先戒掉那些"糖"。

我前面提到的富翁朋友，他吃那颗糖，让他损失了资产，但他记取了教训，之后就减少一些损失。相对的，我的另外一个富翁朋友，他就没有那么谨慎，也没有想那么远，他在打破纪律之后，不能即时地遏制住自己，之后损失的，就远不只一些资产了。很快的，他就被打回原形，身无分文，还欠一堆债。

某个财经节目的主持人说过一句话："人类要从猴子，演化成人，耗费几十万年，虽然从猴子演化成人类，要这么久的时间，但是，从人类变成猴子，只要一秒钟而已。"

当你抛开纪律，沉迷在那些"糖"里面，你就是从人类变回猴子，如果你最后决定，把账单丢到一旁，继续吃垃圾食物，继续让那些"糖"控制你，你这辈子，就真的无法改变命运。

不幸的是，这个道理人人都懂，但不是每个人都可以做到。例如，有的人怕死，却还要拼命熬夜抽烟喝酒，等到身体崩坏被送进急诊室，才来后悔自责。然而，等到走出急诊室，又马上忘掉刚刚的悔恨和自责，休息几天，朋友一约，又开始熬夜唱歌喝酒。

这就是人的本性。在我看来，大多数人都缺少能约束自己的纪律性。人一旦没有纪律，铁定成不了什么大事，更不谈要改变命运之类的伟大计划。

吃得苦中苦，才有资格站在比别人更高的位置

我曾找过许多股票期货交易员来帮我操盘，其中有刚毕业的新人，也有做过十几年营业员的老手。

让我印象特别深刻的，是两个老手，一个是拥有十几年营业员经验的股票操盘老手 K，一个是资历十年以上的期货高手 Q。

K 之所以会出来找工作，是因为他之前帮公司客户代操，本来只要一直按交易计划执行就可以稳定获利。没想到，当他不停获利、越来越有自信时，

他就在盘中开始随心所欲起来，忘了严守纪律，在不该追高时冲进场狂追，而且还重押想大赚价差。然而，纪律这个东西就是那样邪门，只要你有一次不遵守，偏偏这次就会出现问题。

就这样，他一天之内就赔光了客户的几百万元，不但要赔钱还要被开除，他也因此好几年不敢再碰股票，但是又没有一技之长，后来，他在家沉淀了几年，决定出来找交易员或操盘手的工作。

当他来找我谈是否可合作时，我问他："是否已经克服自己的心魔，可以严守纪律不再犯错？"

他很诚实地回答："应该很难克服，我没有把握，但有机会再回交易室，我会努力戒掉不好的习惯。"

我很欣赏他的诚实，就试用他一个月，但他试了不到一个月，向我坦诚自己还是无法克服阴影，不敢下单，最后离职了。

另一个期货高手Q，也是一开始操盘很顺利，每天都有获利，直到有一天大盘开始进入震荡期，他也开始一直犯错，而且亏损金额一天比一天高。

　　他主动和我谈失常原因，和 K 一样就是不守纪律的心魔在搞鬼，于是，我让他休息几天出去散心，几天后他回来重新操盘，还在墙上贴了一堆警示标语。

　　不幸的是，人类最大的敌人，始终是自己的心魔，心魔不能除去，没有了纪律当守护神，在诡幻多变、处处是陷阱和地雷的商品社会中，想要完成任务、全身而退是不可能的事。

　　他和 K 一样，终究没有克服自己的心魔，他又被诱空，做错了决定，加上他想把之前赔的一次赚回来，因而重押出手，却再次被大盘修理，赔掉更多筹码。

　　当天他就引咎辞职，临走前说他再也不玩期货了。

前面我说过，那位富翁只是吃了一颗糖，没有实时避险，就使自己的资产遭受了损失。这不是夸大和危言耸听，有人因为一念之贪，做错决定，赔掉的不仅仅是钱，更赔掉自己的家庭和整个人生。

在枪林弹雨的战场中，纪律比子弹和命还重要，这个领悟，我想只有那些沙场中活下来的老将，才会明白。

如果你真的受不了贫困，下定决心要改变命运，你就要改掉不重视纪律的坏习惯。尽管很苦，但吃得苦中苦，才有资格成为站在比其他人更高位置的成功者。

你在抱怨别人的时候，
别人也在抱怨你

有一天，我从北投的医院坐上一辆排班出租车，尽管车子又破又旧，但我也无从选择，只好上了车说出目的地，闭眼休息。

没想到，我才闭眼没几秒，满头白发的司机老伯就开始碎碎念，说现在油价贵得要命，又说我不应该坐他的车，我要去的地方人又少，他实在不想去之类，搞得我心烦，无法休息。

我当然知道他是想要多点小费，但他这种服务

态度加上车子又破又旧，我实在无法苟同。我索性
叫他路边停车，说我有点事要办，要提早下车，问
他车费多少。

这时，他又不高兴地乱骂一通，说什么他排班
排了半天，只赚这点钱他不甘心，要我加点小费给
他，不然他连油钱都付不出来。

我当然不想理他，坚持立刻路边停车，他嘴边
念着倒霉破财之类的怨言，心不甘情不愿地把车停
在路边，我就按照跳表付了钱下车，拿起手机叫车。

我说过，一个人的不良习性，就像在店门口养
了只凶恶狼犬一样，不仅把客人赶走，财神爷也不
会眷顾他。

除了爱贪小便宜之外，爱为小事生气和碎碎念，
也是一个人很糟糕的坏习性。无奈的是，这些人似
乎一辈子也搞不懂，他们之所以穷，是由于他们的
习性造成的。

就像那名白发司机老伯一样，如果他能想通为什么自己的车又破又旧又脏，他就可以脱贫，如果他能想通不要把客人当成羔羊坑杀，他就能成为有钱人。

喜剧大师卓别林，有一次为台下满座的观众说了一个很棒的笑话，引得大家哄堂大笑。过了几秒，他又重复说了同一个笑话，这时，只有几个人笑了。当他再一次重复同一个笑话后，现场突然变得静悄悄，台下观众面面相觑，没有人笑出来。

过了许久，他才笑着说："如果你不能一次又一次地，为同一个笑话而开怀大笑，那为什么要为同一个伤心，一次又一次地啼哭呢？又为什么要为同一件小事，一次又一次地生气和抱怨呢？"

整天抱怨着生活的人，有很大一部分原因都来源于他们自身。他们不懂自己为何总是赚不到钱，想不通为何自己的财运总是那么差，而且倒霉的事总是一件接着一件地来。

我想，那名白发苍苍的司机老伯，可能不会相

信，那天我会在中途提早下车，让他浪费那么多排
班时间，而且还就只赚到几十元钱，这样的事情完
全是因为他自己的原因。

在你抱怨别人的时候，别人也会抱怨你

相反的，我也曾在市中心坐过一辆中年男人开
的出租车，虽然我的目的地也在市区，但他的态度
非常好，而且充满热情，带着笑容要我等下别忘了
公文包。

除此之外，他的车非常整洁干净，当然，他也
不会逼你听他的政治意见和时事评论，车上也只播
放像背景音乐一样小声的古典乐。

老实说，花同样的出租车钱，我当然要选这种
服务质量，甚至我很想为了多享受这种舒适感，要
司机多绕点远路，让他多赚一点钱，不然，下车前
也会跟他要张名片，下次用电话再预约他的车。

不过，那天我不用叫他绕远路，我上车没多久就遇上大塞车，我因此主动问他，为何他和大部分司机不同，会懂得让客人放松且车上如此整洁干净。

原来，他本来是在夜市租店面卖蚵仔煎（蚵仔煎，台湾、闽南地区的经典小吃），生意还算不错，但是后来他误交损友，沉迷赌博，不但把店赔掉，还欠下好几百万元的赌债。接下来，他开始变得脾气暴躁，老婆也受不了，索性带着孩子逃回娘家，他失业了好几年，最后走投无路，只好通过朋友介绍来开出租车。

刚开始当出租车司机时，他满脑子只想着要多载点客人冲业绩，加上脾气暴躁，只要客人是坐短程的，他就开始碎碎念，抱怨东抱怨西的，反而让许多客人都提早下车。

那时，他当然不会意识到客人要提早下车，是自己的问题。

直到有一天，他载了一位阿婆，当他知道阿婆只是要去几条街外的庙里拜拜时，他又开始发飙，要阿婆下次自己走路去，不要折磨他们这些开车混饭吃的司机。没想到，阿婆听他碎念了半天，才比着自己耳朵说她耳背听不见。

这时，他才住嘴安静地开车。当车子到了庙口，阿婆付了钱下车时，对他说："其实我没有耳背，只是脚不好不能走太远，当然我也不想听你不停地抱怨，但我实在不想下车再拦车这么麻烦，只好装作耳背。"

他听了这话时，就像被雷打到一样，整个人愣住了。

阿婆关车门时又说："其实，我很可怜你，每天都在碎念抱怨同样的事，不觉得累吗？如果我上车时，你可以想到我是老人家，可能是脚痛不能走，我一定会多给几十块小费，或是零钱不用找，或是跟你要名片，下次再跟你叫车。"

说完阿婆重重地关上门，头也不回地走进庙里。

他坐在车里愣了好几分钟，突然明白了这几年来一直生意不好的原因。他说，从那天起，他终于想通，原来要赚钱、要改变命运不是什么难事，只要他肯用心，将心比心地为客人服务，他的老客人就会比路边客多。

当他每天有排得满满的预约客，他也不用花油钱和时间在街上乱绕找客人，如果有老客人包车，那他的收入又会更高，他过去怎么这么笨，都没想到这个成功的关键原来就在自己身上。

后来，他一有空就去当初阿婆上车的地方等，或是去庙口等。有一天，他终于等到阿婆，他立刻开车冲过去，下车去扶阿婆，说阿婆是他的贵人，他今天是来报恩的，要免费载阿婆去庙里拜拜。

就这样，阿婆成了他的第一个预约常客。接下来，他开始每天洗车，也开始把自己装扮得整齐清爽，客人上车不管长程短程，他也不再碎碎念。他说，阿婆一语惊醒他之后，他才开始反省，心想实在不能怪客人都想提早下车，如果换成是他，花了钱坐车，当然也不想听人家唠叨碎念。

因此，他开始去找一些抒情或温和的古典乐，再把车子里清干净，把心思放在客人的需求上，例如有推婴儿车的，立刻下车去帮客人把婴儿车装入后车厢，有带小孩的他就改放儿歌，有加完班的上班族想休息，他就把音乐关掉或转小声。

就这样，当他成功地改掉骂人、碎念的习气，用心地为客人服务之后，才短短几年他就还清了几百万负债，还买了辆新车，老婆孩子也重新接纳他，一家人再次团聚。

将心比心，善待他人，也是善待自己

总之，一个人的穷酸习气，实在是很可怕的东西，这种习气不仅让客人不敢来消费，钱也不敢靠近。

相对的，不要碎念、不要小气、不要贪小便宜，把每个客人都当成贵宾，真诚用心地服务，只要有了这种格局和气度，你就能真正地改变自己的命运，从而获得大成功。

我说的这些不是在胡说八道，也不是什么黄道玄学，而是现实世界的成功学。例如，媒体曾报道某建设负责人，花了一亿元买下全台唯一的意大利超跑，然而，让人更为津津乐道的是，这位车主年轻时也是出租车司机，有一天载到某建设大亨的老板，老板看他做人很诚恳，态度也很敬业，于是就提拔他进入建筑业，教他如何经营土地开发，他才开始踏上建筑业这条路。

我很希望所有从事劳动或服务业的穷忙族，包括开出租车的朋友们，都能从这篇文章去反思和改变人生。

我更希望，那天从北投载到我，一路上却都在碎碎念的白发司机老伯，能看到这篇文章。当然我知道这几率很低，但如果他真能看到，他应该就知道那天为何我要提早下车，或许他也能从此将心比心，改掉自己爱碎碎念的习气。或许，他也可以因此遇见愿意提拔他的贵人，助他改变命运，甚至成为每天改开跑车的亿万富翁。

第二章

为什么有钱人始终有钱？

▲ ● ■

你 不 用 努 力 活 得 跟 别 人 一 样

/ / /

很多人都会下意识合理化自己的错误决策，甚至还幻想能得到好的结果，他们从来不会思考自己逻辑和行为上的漏洞，更不敢去思考该如何改变眼前的挫败和困境。他们不懂的是，这世上绝大部分赚钱的秘诀，其实都藏在人性里。

不懂得停损和修正，只会被淘汰出局

不知为什么，许多人在做许多重大决定时，往往不客观，也没有逻辑可言。

例如，当有的人投资失利或做生意亏损时，他反而会变得很大胆，不会在关键时刻停损，而是会想继续加码，不停地加码，因为他内心相信，下一把就会连本带利全部赢回来。

可想而知，市场和环境不会理他的想法，当他固执地要违逆市场，下场就是赔到血本无归。

　　我有个朋友，他很开心地告诉我，他只花了一点小钱，就买到了一座郊区的漂亮房子。不过，那个房子四周都是杂草，没有马路，只有小小的泥巴路，当然更不会有路灯、电线杆和便利商店。

　　另一个朋友则告诉我，说他找到一个店面，租金非常便宜，代表他的运营成本更低了，获利机会也就更大。只是，那个店面是在省道上，平时却很少人会经过，只有卡车货车偶尔快速飞奔而过，我真的想不通他为何要在那里开店。

　　最经典的一个例子，是我高中同学，说要在乡下的一个小镇，开一家牛排馆。

　　我听了一头雾水，我问他："你的目标消费群是谁？价位多少？最重要的是，那个小镇人口有多少？"

　　他却很有自信地笑着说："我不用管那些枝微末节，重点在于，那个小镇的人几乎都没吃过牛排，所以我只要进一些便宜的组合肉，包装成高档牛肉，光是价差，我就赚翻天了。"

我很讶异地对他说："你有这种想法，实在是错得离谱，因为，小镇人口平均年龄偏高，饮食习惯上也不见得会爱吃牛排，再者，组合肉就是组合肉，你可以骗自己组合肉会变成顶级牛肉，但千万不要把所有的乡下人都当成白痴。"

但他不听我的劝，真的花了大钱装修店面，买进了组合肉，也请了员工大张旗鼓开店。

不幸的是，结果如我所预料的，镇上多半是老人家，吃不惯又油又重口味的牛排，而且他们也不习惯一餐都只吃肉，他们还是习惯吃炒青菜配饭。

至于镇上的少数年轻人，虽然可以接受牛排，但他们有空也会去台北吃各家牛排，也知道组合肉和顶级牛肉的口感差异，因此，他们去吃一次我同学标榜的顶级牛肉后，都嚷着要回家刷牙漱口，因为真的太难吃了。

就这样，同学的店开不到一个月，就自己断水断电，收起来了。

三思而后行，成功是"急"不来的

人在做决策时，难免会错估形势，做错决定，包括许多成功企业家和有钱人在内，都曾因做错决定而挫败亏损。

然而，人和人的差别，就在于有些人懂得停损和修正，而有些人则是一厢情愿地坚持自己的主观想法，而且一错再错，不见棺材不掉泪，甚至见了棺材还是不掉泪。

根据我自身的犯错经历以及多年来的观察，我发现，大多数人之所以生活得很普通，基本上都有几个共通的特质。

其中，最关键的就是，他们总是不自觉地踏入自己的心理陷阱，而且越陷越深，直到十八层地狱没有路时，才会惊觉自己一直以来，都像被鬼遮眼一样，不停地在做傻事。

这世上有多少人，就有多少种心理陷阱。

我说过，人都有盲点，想错看错做错没关系，问题是，当你知道错了，为何要让情势像骨牌一样，在一连串错误决定下，不停地向前倒？为什么不能踩刹车？不能倒车或回转呢？

老实说，一个人会兵败如山倒，败到没有退路，绝对不是因为只做了一个决定。相反的，他必然是在做错了第一个决定之后，继续做错第二个、第三个，必然是这一连串的错误，才会让自己资源消耗殆尽、弹尽粮绝。

如果你常看财经新闻或杂志，就会看到商场或商品社会中，有太多这种例子，一家国际企业倒闭，一个大企业家破产自杀，这种新闻已屡见不鲜。

因此，在我看来，真正的富人，他们的核心资产，绝对不是保险箱或银行里有多少股票和现金，而是他们做决策的能力和质量。

我相信，很多成功的企业家，也都能参透这个道理，他们知道，他们今天拥有的一切，很可能在明天或某一天，他们做错一个决策后，立刻就化为乌有，也可能在日后做对一个决策，又重新赚回来。

所以，做决策的能力，才是资产的母亲；相对的，大多数人拥有的是做梦的能力，而且虚实不分，把现实当成梦境，把梦境当成现实，才会相信有一天组合肉会变成顶级牛肉。

除了虚实不分，不少失败者，他们不停失败的原因，不是不努力，也不是没有过人的技能和功夫，而是脑袋里的回路出问题，长期下来让他们的主观和执着，变成一种不可逆的习性，只相信自己，不肯静下心来听听他人的意见，或者睁开眼看清现实世界的风景。

即使全世界都认真地告诉他们做错了，让他们

74

破产背债生病和众叛亲离，他们还是不改其志，仍相信奇迹会发生。

再者，我发现会犯这种错，会被自己的心理陷阱绑架的，大多数不是新手，而是经验丰富的老手。

或许就是凭借着自身的经验丰富，才会被自己的盲点和自信，捂住眼睛、耳朵和理智逻辑的判断力。

我曾和朋友开车到乡间走走，竟然在一个湖边发现一个小小的游乐场。

原来，这里曾经是国外观光客必来的景点，但因为几年下来，经济不景气，加上这附近又开了太多国际规模的游乐场，这个小小的游乐场，就变得荒凉破旧。

但最让我惊讶的是，那个长满杂草的湖边，有几座用铁皮屋搭起的餐厅，竟然还开着招牌灯在营业。

我们在好奇心驱使下，就进去点了几道当地招牌菜。然而，整家百坪餐厅却只有我们一桌，过来招呼我们的老板娘，同时要兼任掌柜和接待员。

我们点了餐后，没多久菜就上桌，凭良心说，这几道菜实在烧得不错，我们几个对主厨赞誉有加，我想这时老板娘也偷偷通知了老板，当老板出来和我们寒暄，我们才知道他就是主厨。

聊了半天，才知老板原来是知名星级饭店主厨，辈分和常上电视的阿基师（阿基师，台湾知名厨师）差不多，但他说这几年经济不景气，一堆年轻厨师出来抢饭吃，他不想只为了业绩就做一些商业化的料理，所以上个月才顶下这间餐厅，计划从这里东山再起。

上个月才顶下这间餐厅？

我内心对他这个决定，感到忧心。

果然，几个月后我和朋友再去那间铁皮屋餐厅，早已人去楼空。

聪明人懂得狡兔三窟

我想，那个曾做过星级饭店主厨的老板，为了顶下餐厅再装修进食材，以及投入时间心力等开支，想必都成为"沉没成本"。

尽管他在餐饮界有几十年的历练，他还是犯了许多人都会犯的错，期待他那个荒凉偏僻的铁皮屋餐厅，有一天会门庭若市，塞满前来朝圣的食客，就像我同学坚信，组合肉有一天会变成顶级牛肉一样，陷入自欺欺人的漩涡里。

或许你不是生意人，也不做投资，但如果你也有这种一厢情愿的习性，在职场和工作上，也必然会经常自打嘴巴。

我有个亲戚是某小渔港的渔夫，他儿子也跟着他学了不少捕鱼技术，可是有一天，他儿子被朋友算计欠下一大笔赌债，他情急之下，竟不理会父亲劝阻，坚持带着渔工出海捕鱼。

但那阵子天气不好，鱼潮也没来，他出海忙了几天，不但空手而回，损失油料和渔工薪资，有个渔工还因为风大被倒下来的铁架敲碎脚骨，他又赔了一大笔医药费。

后来，我亲戚对我说，很多做捕鱼的，亏钱都是亏在太贪心。

毕竟，就算技术再好，经验再老到，只要天不逢时，地就不利，人也必有损耗，说穿了，都是个性太冲动好强，才会亏钱，否则依天时鱼潮海流，顺势努力去做，都不会亏钱的。

话说回来，有人说："'明知不可为而为之' 和 '虽千万人吾往矣' 的精神很令人敬佩。"但我说过，打仗和事业及投资，不要涉入私人感情，因为，浪漫的代价，往往令人痛不欲生，悔不当初。

　　总之，大多数人的心理陷阱，就是主观固执，一厢情愿，不肯认错，不断犯错，不愿停损，而且总要用尽最后一滴血，才肯承认失败，不懂得为自己留几滴血，留条后路。

　　这种坏习性，人人都有，只是有的人懂得悬崖勒马，而不会猛踩油门往无尽深渊里冲。

　　为何一个人骨子里会有这种执拗和自杀基因？明明是组合肉，却自欺它一定会变成顶级牛肉？

　　我想，这个问题的答案存在于每个人的内心深处，这就需要你静下心来，和自己的潜意识对话，这样才能明白为何自己总是一副失败者的姿态。

千万不要在谈钱的时候谈感情

我有位朋友是社会版的记者，他说，几年来警方破获的所有人肉集团的案例中，规模最大、业绩最高、旗下妓女最年轻漂亮的，不是黑道帮派或有地方政治派系当靠山的组织，而是一位年近七十，看起来亲切慈祥的一位老婆婆所主持的。

亲切慈祥的老婆婆？

原来，许多黑帮旗下的应召站，都是用毒品和暴力来对付女孩子，经常有女孩子被毒死或打死，不然就是有女孩受不了凌虐逃出报案，让应召站见光死。

因此，这些黑帮经营的应召站，总是找不到新鲜质好的女孩子来接客，生意一直没有起色，寻芳客也一直嫌他们的女孩子一个个黑眼圈瘦巴巴的，活像僵尸一样，生意根本做不下去。

然而，那个亲切的老婆婆，也就是老鸨，都会亲自去乡下找一些普通人家的年轻女孩，不然就是去找都市中得不到家庭关爱，喜欢离家出走的女孩，让她们有得吃有得住，还把她们打扮得漂漂亮亮，最重要的是，她会把旗下女孩们都当成自己的孙女，给她们亲人的关爱，让她们有家的归属感。

等到女孩们完全信任老婆婆时，这位老婆婆就会在重要时刻，吊着点滴一身病痛地告诉她们，自己活不久了，但又舍不得她们，无奈人老了一堆病，光是医药费就不是一笔小钱，说完还会流下眼泪，让女孩们心甘情愿地下海，为老婆婆赚皮肉钱。

如果还有比较难搞、不愿下海的女孩，老婆婆就会拿出一条祖传的翠玉项链，把它挂在女孩脖子上，认她做干孙女，让再难搞的女孩也感动掉泪，咬着牙也要帮她筹医药费。

就这样，老婆婆旗下的鲜嫩女孩一上市，就大受寻芳客欢迎，业绩蒸蒸日上，而且还不会发生女孩被喂毒或虐打的事情，也不用担心有女孩想逃跑。

等到老婆婆的应召组织被破获，警方告知女孩们老婆婆是惯犯，而且是职业老鸨时，很多女孩都不相信，更不愿意承认自己是为了爱慕虚荣才下海。

这时，有几个女孩拿出老婆婆送的祖传项链，她们这才发现，这个由老婆婆的妈妈传下来的、独一无二的翠玉项链，几乎是每个女孩子都有。

不要轻易相信他人的眼泪

这就是比刀枪毒品还厉害的谈感情，而且这种感情一谈就能让你心甘情愿的入场，然后再也回不了头。

此外，这种价值连城的感情，不只存在于情色市场，在商品市场和金融市场里也有很多。

我年轻时，常常就因为同学或学长，或是多年好友的温情攻势，而买了他们的保险和基金，可想而知，下场是人财两失，意思是不但投下去的钱血本无归，和对方的情分也因此破裂。

千万不要把投资或生意，和私情搞在一起。

这是我认识的许多成功企业家，和我一样多年来秉持的铁律，然而，我身边的许多朋友，仍然深信做生意或投资理财是要靠交情才能成功的。

这种做法真的是许多人都爱的不良习性，一旦你把生意和交情混在一起，不管对方多么专业，也等于是请鬼抓药单。

同样的，不要在谈钱的时候谈感情，这种谈感情的手法一般都是用悲情攻势，过去许多吸金案，包括许多不良直销公司，都会用这种手法，还有故意制造回报高的假象，触发你内心的贪婪，让你掉入陷阱。

不相信数据和逻辑，只相信主观想法与别人的演技和眼泪，是一个人最常有的不良习性。

生意场不是情场

销售大师齐格勒说过："人们买东西的动机，往往不是出于逻辑和实际需求，而是因为感情的需求。"

许多口袋有钱但却有坏习性的人，往往就在广告或现场销售人员的感情攻势下，莫名其妙地买下一台很少见的库存车，日后要保养维修也找不到原厂的维修厂；不然就是在偏僻的山里或海边，因为夕阳太美而买下一间房子，等到住进后，发现交通不便，海风侵毁墙面或蜘蛛蟑螂满地爬才来后悔，只能认赔，而且房子还卖不掉。

同样的，股市中有许多主力出不了货，会勾结媒体记者和营销公司，故意发出一连串假消息，再配合主力开始拉抬股价，许多散户就会被许多以假乱真的"故事"洗脑，有的散户还感动痛哭，失心疯地追高或者去接下坠的刀子。

他们没想到的是，那些让他们感动的背后黑手，等到他们都进场上钩，就会开始出货，散户一被套住想走又舍不得，这时主力又会编出一些得利多的假话，通过媒体喊话或激励散户，当散户信以为真，持续抱股胆战心惊地过日子，眼看股价在一天一天地下跌时，突然间主力大量出货，股价像流星般往下跳水，散户们这才吓得全部贱卖出场，但为时已晚，主力大赚一票，散户则是哀鸿遍野，血本无归。

所以我才说，做生意和投资不要扯到人情、交情和感情。

尤其是投资，你买股票时应该考量基本面和筹码面，不能因为媒体和主力太会说故事，就把血汗钱拿去孝敬主力和作手。

然而，散户总要等到股票崩价，自己连皮带骨都被坑杀殆尽，才会领悟到"不要在谈钱时谈感情"这个很珍贵的道理。

总之，你要切记，当有人跟你谈交情，还放下身段说自己的悲惨故事，甚至还掉眼泪向你求助时，这就是他已经觊觎你太久了的讯号了。

你千万不要以为他是面恶心善，或是已经改邪归正。

事实上，他不恶也不邪，他只是为了活下去，必须掩饰自己冷血的形象，才能得到自己想要的利息。

你如果还改不掉爱靠交情或被故事感动就掏钱的坏习惯，相信我，当你被他人生吞活剥时，他不会感谢你的奉献，也不会再为你掉眼泪的。

风险藏在你的贪婪和惰性里

每个人的原则和纪律，都是有价格的。

自律再严的人，看见一堆钱放在眼前，也很难不心动，更何况是没有原则和纪律的人。

真正的有钱人，不会相信"富贵险中求"这种骗人的谎言，也不屑于把"一把定生死"当成自己的人生箴言，而是喜欢用更稳定的策略，通过长时间的累积来获得财富。

要成为真正的有钱人，需要的是纪律和眼光，而不是"贪婪"。

可惜的是，有很多媒体常常会宣传，"你要贪婪，才能赚大钱，如果不贪婪，只能赚小钱"。这是一种错误的观念，所以，有很多人脑中装着这种错误的观念去投资，观念错误，策略也跟着错误，因此，这种错误的观念造成他们倾家荡产，甚至是赔掉一条性命。

其实，不管在什么情况下，你最好不要用"杠杆"进行投资。简单来说，杠杆的意思就是，你只有 10 万元，但你却借 100 万元，使用十倍的杠杆金额，去下赌注，如果赢了，你就可以赚十倍，如果输了，你就赔十倍，问题是，当你赔钱时，你要去哪里"生钱"还债？

当我跟身边一些在投资的朋友说明这个道理时，他们却反驳说："真正会赚钱的人，是要掌握时机！"

稳定才是成功的秘诀

举例来说，我有个朋友，他看到甲股，原本一股是 2000 元，突然大跌到一股 1000 元，他想说，正好趁机可以逢低买进，他不只是花了自己所有的积蓄去买，还跟爸妈、亲戚借了 100 万。

为何他会这样做？

因为，他非常地笃定，甲股价格很有机会再回升，等价格回升时，再脱手卖出，一定会大赚。

但不幸的是，甲股的价格，并没有回升，反而一路往下跌，跌到一股几百元，还继续在跌，他也没勇气脱手，只好四处兼差还债。

其实，有钱人难免也会看走眼，但是，为什么有钱人永远都活那么久？

第一，有钱人不会用杠杆去投资；第二，有钱人的投资策略，就算再精准，他也只会拿身家的十分之一去投资，那些钱赔掉就算了，他还是可以继续开名车，继续吃龙虾大餐。

那些被乐升案害惨的几万散户，就是个血淋淋的例子。如果他们只拿身家的十分之一去赌，而不是全押重押，也不去向人借钱来赌，就算股票全赔掉，也不会把自己逼到走投无路。

毕竟，贪和贫只差一点，但大多数人总是无法战胜这个人性的弱点。

在这里，我要点出一个残酷的事实——就算你靠继承遗产、中彩票，户头突然多出了几亿元，如果你无法拥有那笔财富超过一年，你就不算是有钱人，而只是个"不小心拥有钞票的人"。

此外，我再强调一次，那些会把自己的身家全部拿去"赌一把"的人，更不能算有钱人。

真正的有钱人，会过高质量的生活，让身体、大脑、神经系统都保持最佳的状态。这样他们才能长长久久地进行布局、分析，制定最完美的策略，立于不败之地。

不过，话又说回来，虽然很多人都知道"做人不要贪，投资时，最好只用身家的十分之一"，但他们往往都做不到。

为什么"知道"却"做不到"？

假设你有个好友，告诉你一个内线消息，他说"买这支甲股，稳赚不赔，可以翻好几倍"，而且以前你也通过他的内线消息赚过不少钱，得到这个消息后你难道不会心动吗？如果你现在有 50 万的存款，你会只拿出 5 万，买进甲股，还是你会把 50 万，全部拿去买甲股？

其实，在商品社会里面会破产的人，通常都是老手跟专家，越是自以为专业，越容易死在"贪婪"这两个字里面，因为自认为自己很懂，觉得"这稳赚的啦、内线我看得超级准、我做那么久了"，但这样想的结果往往都是，不仅赔了钱有的还丧了命。

不过，值得一提的是，这些跳楼的人里面，犹太人占的比例非常少，因为他们非常了解纪律和风险，绝对不会把身家都赔进去。

在商品社会里面，你要比的不是谁赚得多，而是要比谁活得久

有个笑话说："为什么全世界的有钱人里面，犹太人的比例占超过 70%？因为他们不会跳楼自杀，所以金融危机之后，活下来的有钱人，都是犹太人。"这个笑话，很精准地点出犹太人的厉害之处。

除了这个笑话之外，为了帮助大家更容易了解，我再说一个故事。

从前，有个渔夫，他捕鱼时喜欢等待时机，有时候要等很久，等到一波海潮带来几万条的鱼，才会有收入，但渔夫的渔网很小，船的空间也不大，就算海潮来了，也只能捕到千分之一的鱼群。因此，渔夫就想，如果能买大一点的渔网，就可以捕到更

多鱼了。

后来，渔夫去跟银行贷款，买来渔网、渔船，想要大赚一笔，结果，发生了两种情况。第一种情况是，渔网、渔船都准备好了，结果海潮却一直没来。第二种情况是，海潮来了，带来的鱼群，却不是可以吃的鱼，而是一群食人鱼，结果渔网被咬破，船被撞翻，人也差点被咬死，好不容易很狼狈地游回来，财产也损失了一大堆，但跟银行借的钱，利息却还是一直在滚，还是得还钱。

海潮，就是"行情"，渔夫，就是那些太过贪婪的人。

总之，那些能在恶海中存活下来的有钱人，是因为他有办法克服自己不甘的心情和充满悔恨感的自我谴责，他有办法克服、看开，赚不到的部分就算了，只要赚到一点点微利就好。

要成为有钱人，不只是眼光要好，你的心也必须具备深度的修养，否则，你的心会因贪婪而容不下财富，过度投资，摆荡在悔恨和贪婪之间，永远受苦。

"只用身家的十分之一去投资"看起来很容易，其实非常难做到，你可以想象一下，你现在站在一个宝藏窟里面，眼前是一堆闪闪发光的金币、钻石，只剩下十秒钟，洞窟的门就会关闭，如果你只抓一把，还有时间离开洞窟，但如果你想装满袋子，时间绝对不够。

你有办法只拿手掌大小的分量吗？还是，你会不惜一切代价，即使会被困在洞窟里，也要多抓几把？

高学历并不意味着你就可以变得有钱

各行各业里，都有精英和凡夫之别。

你千万别以为，有了专业证书就可以后顾无忧了。

我认识好几个律师朋友，他们拼了老命，没日没夜地看书，终于拿到律师执照，但日子还是穷苦窘闷。

原因是，那些专做外商公司的精英律师，不是从国外镀金回来，就是有背景有靠山，我的朋友们不过是有一张律师执照，根本就没有大案子可接。后来，他们几个都开始转行，有的去做中介，有的去健身房上班，也有人去考公务员。

同样的道理，我认识的记账业的一位朋友，也是有证书，到头来还是回去当上班族。甚至还有医生开了小诊所，生意差到连诊所墙角都结了蜘蛛网。

事实上，商品社会的世界里，只有两种人，一种是制造游戏规则的人，一种是遵守游戏规则的人。

前者掌握了八分的财富，后者则为了剩下的二分财富拼得你死我活。

可想而知，会去考证书的人，几乎都是"遵守游戏规则"的人，因为大部分有证书的人，顶多是有一份工作，但不见得可以变成有钱人。

有些媒体很喜欢教唆大家去考证书，然而偏偏就是有一些人甘愿被洗脑，赶着去上补习、考证书，他们表面上看起来很认真，拿到"证书"后，好像风光无限。然而，这些人全都是在努力"遵守财团订下的规则"，在狭窄的商品市场里和其他人抢着剩下二分的财产。

好吧！就算你非常厉害，考再多高级证书，挤破头抢进大公司，你也不过是"非常擅长"遵守游戏规则的人。

听我这样说，或许会有年轻人反驳我："如果想要穷鬼翻身，越快累积到第一桶金不是越好？要用最短的时间，累积第一桶金，进大公司领高薪不是比较快？想进大公司，当然是具备专业证书比较容易进去，为何你说考证书是浪费时间？"

这么年轻，就有累积第一桶金的想法，相当难得，可惜的是，我在职场打滚了三十年，发现能够累积第一桶金的人，绝对不是那些"高阶上班族"。

只有打破规则，才能突破自己

为何薪水高、位阶高，却没办法累积第一桶金？

答案很简单，因为在大公司工作，一天要耗费十几小时，还需要服装费、交际费，当你升到更高位阶，就需要花更多钱维持门面，你想想看，在这样赚得多、花得也多的情况下，你要怎么累积第一桶金？

如果你为了进大公司，不惜花大钱去念硕士或国外名校，再加上考证书，也需要报名费、教材费，就算你能击败其他竞争者当上高阶主管，然而，只要你一不小心被斗下来，之前投入的种种成本，铁定都成为"沉没成本"，这辈子别想再从深海里捞起你的泰坦尼克号。

我看过太多血淋淋的案例，不管你是有幸留在原来的位置上，还是被踢下去，你都很难靠薪水累积第一桶金。

更残酷的是，就算你拼死拼活，考了好几张高级证书，这也不代表你的能力有多杰出。

我年轻时，曾在某间大公司担任人事管理，当时面试过一位海外名校毕业的硕士，他为了考到高级证书，花了不少心力做补习、做题库，好不容易才进我们公司，可却在短短三个月内让公司亏了好几万元。最后，他没有通过考核，被扫地出门。

后来，我和他仍保持联络，他无奈地表示："被开除后，我进了其他公司，但因为绩效不佳，位子也岌岌可危，就算名校毕业、有证书，也没什么用。"

另一位来面试的专员，一张证书都没有，也没有高学历，当时因为是主管破例录取的他，还被上头唠叨了几句。之后，那位专员的表现，却跌破所有人的眼镜，他不仅谈妥好几个案子，拉到好几个大客户，短短几个月内，绩效一度还超越公司其他人，相当惊人。

类似的例子，在我的工作生涯中，出现过很多次，我只能说："你有高级证书，不代表你很强。当你绩效很差时，有再多证书都没用。"

就算有证书，挤进大公司，也未必能累积第一桶金，有证书，也不等于有专业能力，那么，为何有那么多人，要拼命考证书？

对各大财团来说，要筛选人才，最有效率的方法，就是先用证书来分类，只要"不符合规格"，就先剔除。就像每个人额头上都印有条形码，他们也不管你有什么悲惨背景或过人秘技，只要证书条形码刷不过，就立刻退货，既方便又省人事成本。因此，他们才会规定，应征什么职务，需要具备什么证书。

可悲的是，仍有一大堆人，被电视新闻洗脑，前仆后继地跑去补习班，砸大钱买教材、上课，就为了取得企业规定的证书，让自己"符合规格"。

证书其实是一种被动的检核，考证书的人，就像一只羊被绑在绳子上，只能走几步路，吃周围的草。相对的，不被证书束缚的高手，就像是一群野狼，到处劫掠，可以抢到的资源也更多、更好。那么，那些被绑住的羊，要怎么才能敌过这些野狼？

其实，证书考试最多只能证明你有达到"十层楼"的能力，真正厉害的人，程度却已经超越"十层楼"，飞升到"五十层楼""一百层楼"，他们不会被证书考试局限自己的能力。

不被证书束缚的人，才可以随心所欲获取自己想要的资源

简单来说，去考证书的人，十有八九，不过是想考给主管、同事看罢了，真正的高手，为何需要证书证明自己？

真正的高手，能够超越证书的层次，通过在家闭关练功，来提升自己的能力，而且能真的赚到钱，他们忙着赚钱都来不及了，根本就不想浪费时间，大费周章的补习、考证书。

　　拥有证书的羊，他的证书是为了要忽悠主管跟同事；没有证书的狼，则是要对付自己。不管你从事什么行业，只要你想改变命运，最大的敌人就是自己，而不是证书。

　　总之，我要告诉大家的是，别再不经思考，就迷信证书是万能的，或是以为进大公司，当上高阶主管后，就可以用年资换取"第一桶金"。

　　举例来说，现在流浪律师那么多，就算有证书，也无法保证你的未来，搞不好，在别人努力考执照、立志成为"大公司的高级螺丝钉"时，你努力钻研自己有兴趣的事情，努力建立一个属于自己的"印钞机"，投入真实的商品社会去赚钱，还比较有机会胜出。

　　我有个朋友是卖车轮饼的，原本在骑楼下摆摊，日晒雨淋地很辛苦，但他苦心研发各种口味和口感，生意越来越好，短短几年内，他就靠车轮饼赚到一家店面，还买了好几栋房子。

如果你愿意睁开眼，努力弯腰去地上捡，你会发现，世界上各个角落都有钞票，就算是一般人眼里再微小的领域，例如卖地瓜，卖个十年，你也成专家了，而且那台印钞机是属于你自己的，难道赚得会比在事务所里的律师，或是坐在高楼里的高阶主管少吗？

在商品社会的世界里，就算你有再多证书，你在公司的位子再怎么高，终究还是必须认清这个残酷现实——你的钱始终掌握在雇主手里。如果有一天公司为了省成本把你裁掉，或是你被同事拉下台，你所考的证书还不都是无用的？

如果你只是想要有一份薪水，你立志去考证书，或许可以靠证书和自己的努力混一口饭吃。

如果你不甘于每个月领那么一点薪水，就不要把整个人生卖给公司；如果你真的想要改变命运，就不要把证书当成印钞机，因为，那只是一张纸，一张忽悠别人的纸，不可能成为你的印钞机，也不会是你的聚宝盆，说难听一点，搞不好那张纸还会妨碍你成功。

　　毕竟，人生资源有限，想改变命运，就要做自己喜欢而擅长的事。

为什么有钱人始终有钱?

《Science》期刊登过一篇研究文章《Poverty Impedes Cognitive Function》,根据研究人员长期对某商城的购物者所做的观察和分析,发现:当一个人缺钱或有财务压力时,所做出的决策,往往是不理性或质量低落的。

这是因为"担心贫穷"时,会消耗大脑中很多思考的资源,妨碍到他的"认知能力",不仅注意力不集中,逻辑力差,抑制力和耐力也会降低,因此,才会让情绪主导自己做出决策。

如果用白话来翻译，就是变得比较笨、太过冲动和主观，看不见自己的盲点。

这个理论的真实性，我从许多穷散户的"撞墙回路"和爱买彩票的朋友身上，早就得到印证。

例如，我有一位中年失业的朋友，或许是负债累累让他大脑缺氧，他认为只要用心研究中奖模式，再逐期密集去买，中奖率就会大增，而且只要中一次大奖，他这辈子就没有任何财务压力了。

结果如何？用我正在退化的膝关节想也知道，他这么用心执行计划的几年后，只会让他的债变得更多，压力更大，脑子也更不清楚。

知名记者 Matt O'Brien 在一篇名为《Why you should never ever play the lottery》的报道中，揭露了一个残酷的事实："在美国，年收入低于 28000 美金的家庭，每年花费在买彩券的钱，竟然平均高达 450 美金。"

　　然而，这些低收入家庭通过中彩票，进而翻身致富的几率，比被雷连续打中三次还低。

　　当然了，大部分买彩票的人都会说："一券在手，希望无穷，就算没中奖，买彩券也是在做善事啊！"老实说，这就是人性，明明心里妄想一夜致富，赌赔后才来牵拖到做善事。

　　有这种思维的人亏钱后，第一时间就是找借口合理化自己的错误决策，从来不会思考自己的逻辑和行为，也不会思考自己是否会在大脑缺氧的情况下胡言乱语，更不会思考该如何改变眼前的挫败和困境。

钱是赚来的，不是等来的

　　有名四十岁男子，由于收入不稳定，当他看到彩票奖金累积到"二十九亿"的新闻，就跑去抢银行，只因为"想要买彩票"，结果当场被逮。

他在抢银行之前，完全没想清楚，买彩票中大奖和他抢银行被逮，哪个几率比较高。

这个问题在有钱人充满营养和氧气的大脑里，怎么想都是一门注定赔本的生意，但竟然会有人认同，而且付诸行动，这真是让人匪夷所思。

当然了，如果你真的钱太多，而且想做善事，那么你是特例，不是我这篇文章所指的大多数案例，请不用往下看。

所谓的笨蛋，通常就是那些一直在做同样的事，就算结果失败，却还是坚持继续做同样的事，又不肯反省和思考的人。

如果你的"买彩票致富"的逻辑和模式是对的，为何买了那么多年，还一样是"原来的你"？

尽管人人都想成功，但潜意识投射出的行为，却是在自我沉沦

这就跟烟瘾酒瘾患者的自欺一样，就算听到医生说抽烟会得肺癌、酒喝多了会伤肝等，一出诊间还是不想戒烟戒酒，然后开始催眠自己："医生说的是别人，我应该不会那么衰吧！"

好吧，就算你真的上辈子铺路造桥、祖上有德，让你中了大奖，你也只是有很多钞票的人，而不是我所说的有钱人。

美国心理学教授史蒂夫·丹尼许（Steve Danish）所做的研究显示，不管赢来的奖金有多少，大部分彩票得主都没有"从此过着幸福快乐的日子"，许多人没过多久，就会回到中头奖前的经济状况，有些人甚至过得比得奖前更惨。

台湾彩券公布的"威力彩"头奖中奖率，就只有两千两百万分之一，不管你再怎么钻研中奖规律，或是跑去求神拜佛，都只是白忙一场，也是在浪费

时间价值。

《有钱人想的和你不一样》一书的作者哈福·艾克（T. Harv Eker）直言："在你还没有足够能力去创造，并守住大笔财富之前，财富只会离你而去。"

他分析，会花很多钱买彩票的人，通常是自认为无法控制人生方向的人，所以深信财富就像抽签，总有一天会降临到自己的头上；有钱人偶尔也会玩彩票，却不会把工作收入的一半拿来买彩券，中彩票并不是他们致富的策略，他们相信的是只有依靠自己的努力才能迈向成功。

如果你认真比较白手起家的富翁与彩票得主这两种人的差异，就会发现，前者虽然也不时传出经营失败、投资失利而输掉万贯家财的消息，但是他们通常可以在很短的时间内，就把钱再赚回来，然而，中彩票的人却不行。

原因很简单，彩票得主是天赐鸿运的"等待者"，白手起家者则是财富的"创造者"，他们手上握有成功的关键因素：他们可以掌控自己的人生。

拥有白手起家能力的人，既然可以成功一次，就有机会成功第二次。

相对的，靠运气中彩票的人，一辈子顶多中一次奖，等他把钱花光，就很难再中第二次。

我在《30 岁后你会站在哪里？》中写过："商品社会的运作，是靠许多谎言撑起来的。如果资本家说谎后，没有几十亿的人相信，全世界的经济就会崩盘。"

其实，彩券就是财团和政府联手，坑杀一般投机者的超大型印钞机。因为，不管有多少人中头奖，到最后结算时，永远是庄家完胜，也就是财团和政府稳赚不赔，输家永远是你。

话说回来，我不是要你完全不能买彩票，你可以偶尔花小钱做善事，但绝对不要笨到想靠中彩票走向成功，而且花大钱，重押所有身家，或到处借钱去孤注一掷，因为这么做无法让你走向成功，而且真正成功的人也不会去做这样的事情。

你的身上有没有穷习性？

　　某天，我在饭局上认识了一个珠宝银楼的富二代，看他身穿名牌手带劳力士，我不禁好奇地问："我也认识许多开银楼的朋友，但不是每个人都赚大钱，有的还赔钱，你的赚钱秘笈是什么？"

　　富二代笑着说："我不会吝啬和人分享致富秘诀，只怕你不相信我的答案。"

　　我听了傻笑几秒，心想他的秘诀该不会是替黑帮洗钱之类的吧？

富二代看出我的疑虑，又笑着说："你别想偏了，我的致富没有秘诀，全部都是只靠一些财神爷的眷顾，而这些财神爷就是'消费能力一般的顾客'。"

什么？财神爷是消费能力一般的顾客？

我瞪大眼，再次问他，他说："对，就是这些人，而且是许多这样的顾客。"

道理人人都懂，但却很少有人会去遵守。

为什么是消费能力一般的顾客？

原来，从事银楼生意十几年来，他发现，银楼生意最好的时候，不是景气繁荣时，反而是在经济萧条、百业都在裁员和减薪的黑暗时刻。

因为，这个时候，许多以前在经济繁荣时用高价买珠宝或金饰回去的客户，都会在这个时候拿回来用低价出脱，而且越到年底或经济越接近谷底时，贱卖的人越多，价格也越便宜，让他只用很少的本钱，就能收购到一堆好物件。

然后，等到经济形势变好，大家口袋都变饱时，同样的客户又会来用高价，买进一堆珠宝和金饰，而且，某些品牌的金饰，电视广告打得越凶、价格被炒得越高时，越有人要买。这实在是令人匪夷所思的怪事，他也觉得人有时是很奇怪又不理性的动物。

这类客户通常都是年轻人居多，家庭主妇次之。

他接着分析，年轻人爱买珠宝金饰，主要是为了炫耀和追另一半，尤其到了年底，许多领了奖金的帅哥，都会跑来买些闪亮亮的物件送女友或心仪的女孩子。

但家庭主妇就有不一样的需求，主要是她们看到金价涨，有的想赚价差，有的想买来当压箱宝，过几年后再高价卖出。

　　不幸的是，她们都不懂金价和珠宝也有高低循环期，她们总是等到经济形势好转、大家的购买力都上升把金价推高后，再来买一堆金子或珠宝。

　　再来，等到经济形势反转来到谷底，她们或因为手头缺现金，或因为无法承受金价珠宝价下跌太多，不堪亏损，纷纷拿来低价出脱。只有拿回现金放枕头底下，她们才能不失眠睡个好觉。至于那些爱买珠宝名品的年轻人，则是因为景气下滑，奖金缩水或减薪，或者和女友吵架分手，手头没现金时，又会把东西拿回来贱卖。

　　就这样，他店里的老客户，十几年来，每隔几年就在玩这种"追高杀低"的游戏。他也因此可以从中赚到可观的价差，甚至有些物件几年来都是原封不动，一直是同一组客人不停地贱卖和高价买回，让他忍不住劝对方，何不把这些金饰珠宝就留着，以免一来一往不停地损失价差。

　　然而，他的苦劝却没有几个客户听得进去，客户们都说金价和珠宝价下跌时，本来就是要脱手，

不然一直往下跌，可能跌到连零头都没有，到时候
才真的是欲哭无泪。所以，他们当然要把这个风险
丢给银楼承担，因为银楼经手数量大、本钱多，可
以承受得起亏损，他们都是小资，都靠薪水过活，
实在承担不起这种市场的风险。

我说："他们这种做法就和股市里的散户没有两
样，不仅追高杀低，而且还一再地重覆做这种事，
甚至乐此不疲，难怪他们会成为别人的财神爷。"

富二代笑着说："所以我才说，我的财神爷是这
些人。"

我知道他这句话中所蕴含的意思。他口中所说
的这些人，并不是手中没有本钱，或是不会赚钱的
人。相反的，他的客户很多是床底下压着一些老本
的退休族，也有很会赚钱、年底都领很多奖金的超
级业务员。

然而，他们却因为不懂"低买高卖"的投资法
则而损失惨重，抱歉，我要更正，低买高卖人人都

知道，他们是无法做到低买高卖、无法严守纪律的人。他们就是无法做到，在经济处于谷底时咬着牙低价买进物件，等到经济繁荣时，再趁着买方需求高时，高价卖出。

不管你多会赚钱，不管你拥有多少钱，如果你做投资时无法克制自己，做不到"低买高卖"，那么你的钱还是会被自己败光。

恐惧和贪婪，是导致我们无法控制自己的"心魔"

说来辛酸，不懂做生意或投资买卖，不懂低买高卖，赔上一次钱，这叫做没有经验。然而，那些一错再错、十几年下来都不会反省、不想修正自身坏习性的人，真的是不值得同情的人。

其实，那些金饰珠宝本质上都没有改变，金子还是金子，成色都一样，珠宝也不会褪色或变形，还是原来的珠宝，原则上，这些物件都不会让客户们赔钱，真正能让他们赔钱的，是他们的"心理作用"，他们的恐惧和贪婪，让他们不自觉或无法控制地一再逼自己玩这种追高杀低的赔钱游戏。

富二代说，他的心情很矛盾，一来他实在不忍心看着那些老客户，一再地把钱赔在自己的"心魔"上，二来他又很害怕有一天他们都突然想通了，不再来追高杀低，这么一来，他就没有油水可赚了。

我笑着安慰他说："大部分人总是一再地做同样的傻事，这种现象千百年来都不会变，消费市场里的客户是如此，商品社会里的散户也是一样，这是很难改变的，你不用想太多。"

再者，他也不用为了那些人的"穷习性"感到罪恶或良心不安，如果那些顾客没有一直这么笨，他也不会有豪宅和跑车，更不会有高达七位数的存款。

世上没有不花钱，就稳赚不赔的生意

说实话，想成为真正的有钱人，真的不是件容易的事。

除了许多贪小便宜和短视近利的坏习惯要改掉，你还必须淬炼你的意志力和胆识，才能赚到一般人摸也摸不到的财富。

没有"舍"，便没有"得"

我有个朋友继承了过世父亲的庞大遗产，成为手上有一笔巨产的有钱人。

他也知道，这些钱如果不放对地方，让钱滚钱或钱生钱，迟早会坐吃山空。

于是，他到处投资朋友的餐厅或电器行，甚至投资成衣工厂，成为人家的股东，但不参与实际经营。

虽然他很有投资的眼光和理财观念，也很会精算损益和成本投报率，遗憾的是，他没有实际做过生意，也不懂各行各业都有景气与否和淡旺季循环的现象，只要他一发现自己投资的生意，业绩连续两个月下滑，尽管业主跟他解释淡旺季效应，不用紧张，要把眼光放长五到十年，才能有可观的分红，无奈的是，这些他都听不进去。

他总是对各家业主说："我不赚钱没关系，但绝对不能赔钱，否则我下半辈子要靠什么吃饭？"

于是，他只要发现自己的股东权益有下滑，就吓得把股权卖掉，把资金撤出。

就这样，他来来回回地退股又入股，搞到最后许多业主都拒绝他的投资，他也因为股权高买低卖，损失了价差。最后，他不仅没赚到钱，还赔掉自己的时间和价差，真的是白忙一场还被众人嫌。

有一天，我很严肃地告诉他："花钱和赔钱是赚钱的必要手段和过程，如果你不想赔钱或投入成本，就永远赚不了钱。"

他愣了几秒，很不悦地说："巴菲特曾说过'投资的第一课就是不要赔钱。'"

我苦笑着说："巴神他是说，投资前要先想好如何不赔钱，要谨慎地选投资标的，如果一个标的连你都不看好，没信心，宁可不要投入一毛钱，他并不是要你不花一毛钱就能赚到钱。俗话说，偷鸡也要蚀把米，更何况是你想赚投报率高的获利。"

他听了似乎不置可否，心里只想着他的本钱不能有一丝一毫受损。

巴菲特说的没错，投资前要用心做功课，没有人愿意做赔钱的生意。

但是，世上没有不投资不花钱，就稳赚不赔的生意。

你可能不怕吃苦，但就是挨不过孤独

我有个朋友是精神科医生，他说每当股市崩盘或大涨时，就有一堆散户来找他救命，因为那些散户只要手上还持有股票，就每天胆战心惊的，吃不下也睡不好，尽管医生开了药给他们，但最后他们发现，把股票卖掉，把现金拿回来，才是最好的安神药方。

这就是散户的典型行为，股票涨时不敢追，跌时或被套牢又不想退，总是追高杀低，难怪有些法人会笑说："想要从股市赚到钱，方法很简单，就是和散户做相反的动作即可。"

然而，我那位精神科医生朋友又说："麻烦的是，每当散户把股票卖掉后，股票又忽然往上涨，不但亏损已成定局，而且该赚的又没赚到，尽管手上已经没股票，他们还是会因为自己的太早出场，悔恨交加地猛捶胸口，痛不欲生，忧郁症的病情就会更严重。"

在我看来，追高杀低还不是散户最糟的坏习惯，老实说，投资公司或自营商这些法人，偶尔也有错估形势，做出买在最高卖在最低的亏损交易，但他们毕竟是专业人士，不会像散户那样悔恨交加与痛不欲生，法人一旦踩到地雷，绝不会让坏情绪影响下一盘的交易，顶多做完检讨后，日后努力把亏掉的赚回来。

股市中散户最糟的坏习惯，就是情绪化和心理崩溃。

你可以错估形势、看错走势，你可以亏损、可以破产，但就是不能像疯子一样崩溃，因为你一旦崩溃，你输掉的一切，就再也没有机会赚回来。

美国知名作手杰西·李佛摩和德国股神科斯托兰尼，都曾因为做错交易而破产，输到身上连一毛钱都没有，还要跟人家借钱。他们都没有失志，也没有发疯跳楼自杀，而是修正自己的错误后，重新投入战场，从零开始逆转，不仅还掉债款，还成为亿万富翁。

有位朋友想学操作股票，问我："我该注意什么？需要有什么特质，才能在股市里赚到钱？"

我说："你不用有什么特质，但需要练成一种功夫，那就是晚上睡觉时，要在床铺上方的天花板，用很细的棉线吊着一把刀，垂到你脸上五到十公分的位置，就这样一觉到天亮。"

如果你连续三天都睡不好，那么，你就不适合操作股票，也没有成为有钱人的本事。

所以我才说，想要成为真正的有钱人，真的不是容易的事。

做生意和投资，就像带兵打仗一样，胜败乃兵家常事，如果你不能看清这个事实，接受这个事实，让胜败成为像吃饭喝水看电视一样的平常，在你成功改变命运、成为有钱人之前，你就要先去精神病院报到了。

话说回来，没有人一生下来就是有胆识的。

每个成功克服这个人性弱点的有钱人，都是后天自己练出来的。

你也可以成为超越凡人的有钱人，只要你愿意用心锻炼自己，只要你打的仗够多、经验够丰富，我不敢保证你会成为沙场上的常胜将军，但至少你能在战事中吃好睡好，你的胜率就会比那些无胆无识的人，高出很多倍。

第三章

痛苦的价值决定了你成功的上限

▲ ● ■

你 不 用 努 力 活 得 跟 别 人 一 样

/ / /

　　每天做一件你讨厌的事情，你所害怕的必将成为你的倚仗。这个世界上绝大多数人都会逃避痛苦，然而痛苦其实是人生必须承担的义务。你能承担的痛苦越多，你生命的时空就会越辽阔。

痛苦的价值决定了你成功的上限

　　我有个朋友在股市攻上万点，连擦鞋童也跑去买股票时，他为了赚点钱还债，就跟亲朋好友借了100万跟着下注。

　　没想到，才短短几天，股市就崩盘，他不但没赚到钱，股票还被断头，不仅把本金赔掉，还欠券商几十万元。

　　他本来是个水电工，赚的是辛苦钱，几年前因为父母住院开刀，向银行借了几十万，现在再加上在股市赔掉的钱，逼得他吃不下睡不着。

几天后，他被发现在卧房里吃安眠药自杀。他死后，保险公司赔了点钱给他父母。

但他周遭的朋友和亲戚，都说他没有担当，才欠这点小钱就寻短，报纸上有很多负债千万或上亿的，人家不也是咬着牙努力 10 年、20 年还掉，他为什么就要寻短？

老实说，会说这种论调的人，不是有钱人，就是没有被钱逼到走投无路的好命人。

或许对有钱人来说，几十万或一百万不算什么，但对中下阶层，用劳力辛苦赚钱的人来说，几万元就等于是他们的命。

你必须淬炼你的意志力和胆识，才能赚到一般人摸也摸不到的财富

每个人对痛苦感受度的不同，就是"痛苦价值"不同。

富人在商场或股市赔掉几百万，他的痛苦价值相当于普通人输掉 1000 元。

反过来说，普通人输掉 1000 元，富人也输掉 1000 元，虽然输掉的钞票面额一样，但他们的痛苦价值是天差地别的。

所以，那位水电工赔掉上百万的钱，或许是他要努力工作几十年才能还清的，加上他又有生病的双亲要照顾，这又更加重了他心中的痛苦价值，当痛苦价值超过他所能负荷的极限，他就会想要逃避这种像是"无间地狱"的煎熬。

我相信，他死前的痛苦价值是相当高的，只可惜，他不懂得利用这个价值，来转换成反败为胜的动力，让痛苦价值转换为货币价值或资产价值。

遗憾的是，只要遇到痛苦价值高的事件或时刻，大多数人总是选择逃避和遗忘。

因为他们讨厌痛苦，讨厌没有钱的穷困，或是赔钱带来的挫败和无力感，所以他们会启动本能中的逃走模式，不想它、不面对它，而且想尽办法忘了它。

我知道，有许多散户股票被套牢时，都不敢看对账单中未实现损益的数字，而且他们也不停损，就放着让股票一路从天堂跌到十八层地狱，然后到处拜佛求神，祈求神明让他们的股票可以从地狱又回到人间，不用回到天堂，只要回到人间让他们不赔钱下车就好。

老实说，我也经历过这种没有勇气面对失败或亏损，不敢正视痛苦的日子。

然而，我知道，挫败和穷困就像皮肤病，就算你不去管它，几年下来，它也不会要你的命，但你不去处理它，它终究会在那里，不会自动消失，直到有一天它的病菌蔓延到你全身，你才会惊觉事情的严重性，就算一开始可以逃避不面对，但最终还是要面对的。

　　有一天，有位开日本料理店的长辈对我说，他曾经生意失败，投资破产，老婆和孩子也都离他而去，他却不敢面对这个事实，也承受不起这种痛苦，只好每天喝酒麻痹自己。

　　他经常醉倒在一家日本料理店，那家店的店长是个日本老人。有一天，日本店长用冰水泼了醉得不省人事的他，他惊醒后才发现自己又失态了，忙着向店长说对不起。

　　店长看他本性不坏，就开始教他做日本料理，但他只要一想起自己的挫败和经历，就难过得无心工作。

　　这时，老店长对他说："每年我都要训练好几十个徒弟，但能熬过训练期，不怕吃苦的人少之又少。你是块材料，必然可以熬过学功夫的训练期。因为，你内心的强大痛苦，会压过身体辛劳的苦，事实上，你内心的这种挫败再加上妻儿离散的痛苦，是你独有的本钱，别人都没有这种感受，没有经历这种让人生不如死的折磨，这是老天爷给你的恩赐，你应该珍惜这个苦，让自己可以承受训练和辛劳的苦痛，学得一身好功夫，重新开启人生新的事业，让妻儿替你感到荣幸，让他们回来和你团聚。"

他听了，顿时内心的苦都化为想要成功的动力，也因为他勇敢拥抱内心的苦，他根本不把每天辛劳切菜练刀功和洗碗刷地这些苦放在眼里。几年后，他得到日本老店长的真传，继承了日本料理店，也把妻儿接回来同住。

只有庸材和懦夫，才会讨厌痛苦、逃避痛苦；相反的，那些能成为人上人的成功者，都很尊敬痛苦，勇敢地把痛苦刻在内心深处，时时以痛苦为师。只有这样，才不会再犯同样的错。

痛苦的价值有多少，由人心决定

同样的，在走向成功的道场里，我也想对大家说，如果你不曾为穷困感到痛苦，你不敢拥抱那个让你吃不下睡不好的困窘难堪和焦虑，你就一辈子无法改变自己。

因为，一旦你逃避了痛苦，想尽办法忘了它，不管是自欺欺人也好，用酒或毒品麻痹也好，你就永远不会知道，自己为何会成为一个失败者。

我有个朋友对我说："当我被倒债又失业时，我每天都梦到自己被困在一个又深又黑的枯井中。"后来，他要求我们这些朋友，不要在他面前再提到他被倒债的事，否则他又会想到那个枯井，吓得他又吃不下睡不着。

就这样，他一直不敢面对自己的过去，只能到处打零工，对任何事都提不起劲，永远都是用消极的态度来处理问题。

但有一天，我对他说："你应该勇敢地跳回那个又深又黑的枯井，因为，如果你想要东山再起，你必须回到枯井找回一个很重要的东西。"

他神情不安地问："什么东西？"

我说："你的自信心。"

很显然，枯井象征他不愿面对的痛苦，他的自信却被封存在那座枯井中，如果他一直这么逃避下去，他这一辈子就只能像丧尸一样，没有感觉、没有未来地虚度一生。

有钱人家的富二代，他们不曾因穷困感到痛苦，在我看来，他们只是身上有钱可以用，并不是有钱人，他们无法凭自己的双手，赚到自己的吃饭钱和房租，更无法为自己赚到人生。

因此，他们的痛苦价值是很低的，所以他们可以一掷千金而不眨眼，再多的钱在他们心中，都只是一个游戏代币，无法和他们的痛苦连结，可想而知，他们会逃避任何痛苦，不会尊敬痛苦，也不会把痛苦刻在内心深处，让痛苦成为他们的导师。

相对的，如果你没有一个富爸爸，反而你会拥有富二代所没有的"痛苦价值"，这是你的优势，前提是你要懂得活用这个"痛苦价值"。

因此，一块钱可以带你进天堂，也可以把你打入地狱，永世不得翻身。

切记，太容易忘记痛苦的人，永远成不了真正的有钱人。

世上真正的亿万富翁，尤其是吃过不少苦、懂得尊敬痛苦的犹太人，他们的痛苦价值比任何人都高。

如果你真想走向成功，起点就在你的内心。从现在起，勇敢地改掉逃避痛苦和遗忘痛苦的习性，每次挫败或亏损后，都要勇敢地检视自己的账单，因为，致富之道就藏在里面。

你之所以穷，并不是因为懒散

对于赚钱这件事，过度乐观等于开飞机不带降落伞，这不是个好策略。

然而，对于卖基金或投资商品给你的人来说，他们的策略就是要你同意他们建议的乐观模式，让你心甘情愿花了钱，然后回家做梦，慢慢等钱有朝一日会变大。

我刚入社会时，就有在银行或保险公司任职的朋友或大学同学，拿了一堆资料要我买基金或连动债保单。

可想而知，我辛苦赚来的血汗钱，最后都变成一张张的结算报表，运气好的赎回时只亏 20% 到 30%，倒霉的时候只拿回一半的本金。

二十几年后，我已是理财老手了，有时为了要测试一些理财专家和保险业务员，我会答应给他们十分钟进行简报，他们的手法仍然和过去一样，总是拿出乐观的证据，试图让我的大脑"讯息超载"（Overload），来降低我对眼前这支基金或保单的疑虑。

例如，有一次我的多年好友介绍的一位保险业务员，希望我买一张 100 万元的连动债保单，而且他激动地保证年化投报率高达 30% 以上。

我看了保单，实在看不出有什么利多之处，而且保单连结的标的也是国外的原物料股票。

我问他："原物料如果没有大行情，怎么会飙到 30%？"

　　他支支吾吾说不出完整的逻辑，立刻转移话题，从公文包拿出几张结算单，但那些单子看起来都只是用电脑打字出来的报表，上面的损益都是 28% 或35%。

　　他一张张地拿起来对我说，这一张是某医师买的，这一张是某个大老板买的，这一张又是哪个工程师买的……说他们都只买了半年，就赚了这么多，要我相信他，未来全世界的原物料行情会比现在更好，而且这张保单下个月就会停卖，如果错过会后悔一辈子。

　　我很有耐心地听他讲完，只淡淡地问了一句："你的业绩如此好，不可能只有这几位有钱人向你买保单，其他人的结算表呢？不可能人人都赚钱吧？"

　　他听了脸色一阵惨绿，不正面回答，一直绕着医生老板工程师都赚钱的话题，还说医生获利了结立刻买了辆奔驰，工程师也买了重型机车等。毕竟这二十几年来，我缴了那么多"善款"买回一堆报表，当然不会相信他的这些鬼话，只是对这些理财专家保险员的原地踏步，感到遗憾。

然而，我那个多年好友，又介绍这位保险业务员给我的协力厂老板，没想到那位老板看了他端出的获利结算表，就砸了100万元下去投资。

几个月后，协力厂老板来找我，要求我这个月的账款可否不要开支票给他，我可扣5%当利息，要求我给他现金，好让他周转。

我一问之下，才知他买的那个连动债保单已经亏了快20%，他想解约但期限未到，如果硬解约还要扣违约金，他很怕保单继续亏损，于是硬着头皮解约，前前后后算了算，总共亏了快30万元。

我问协力厂老板："怎么会相信那位保险员的鬼话？"

老板叹了口气说："我本来也不太相信，但我的孩子今年大学毕业，说想要一台车代步去找工作，当我听保险员说，那位医生，才买半年就获利快千万元，而且获利入袋立刻就去买了奔驰车，我一时鬼迷心窍，心想如果可以赚个 50 万元，就可以买一台车给儿子，等于不用花老本就可以多一台车，而且越想越开心，就这样签下保单，谁知道会赔得这么惨？”

我听了也只能叹一口气，无话可说。

你要学会预见风险

老实说，年轻时我也有这种坏习惯，那就是很容易相信别人的表面证据，而且总是只能一厢情愿地看到未来的美好和快乐，看不见事物背后的风险。

很不幸的，大多数人都有这个盲点和坏习惯。也因为自身无法察觉这个不良习性，或者无法改变这个弱点，诈骗集团和许多吸金公司才有办法一而再、再而三地以此赚大钱。

还好，自从我二十几年前被骗过许多“善款”后，我开始逼自己改变这种不良习性。

虽然我不是很有钱的人，但我也因为改变了凡事只预见快乐的习性，才能不再花更多"善款"。

我认识的许多老板级的人，他们不会预见快乐，而且，在面对许多投资案时，他们反而都会先预见可能发生的痛苦。例如他们往往会关心一些国际的系统性风险、天灾人祸、投资案本身的被动变量和市场的风险系数。

他们绝对不会才把钱投下去，就开始梦想半年或几年后可以获利入袋或是手上捧着大把钞票开心大笑或开派对狂欢庆祝的戏码。

因为，有钱人知道世事难料，变量和风险无所不在，投资失败亏损是家常便饭，成功获利反而是老天爷赏饭吃，怎么可能光凭几张报表，就稳操胜算，事事如意。

如果你真想改变命运，不妨先从改变你的坏习惯开始

总之，如果你想成功，你就必须很清醒、很勇敢地认清一个事实：贪图安逸的人是没有主见和智慧的，他们只会被本能牵着鼻子走。

当你没有这种觉察，你就会一而再、再而三地掉入有心人的"心理圈套"中，不管你多努力赚钱，不管你多会赚钱，你永远都只是个平凡人。

此外，除了投资理财，有的人在消费时也会过于乐观，不仅习惯预见快感，还会过度放大未来的回报率和幸福指数。

所以很多人会去买穷山僻壤中的鬼屋，会去买一些用不到的健身器材和厨房用品，或是五金工具包括电钻或电锯之类的。

可悲的是，当他们发现自己过去做错决定，花了血汗钱却买了一堆占空间的废物时，他们的反应

是把东西丢掉，然后继续逛街或上网，花钱买自己的大脑里被商人洗脑后的"白日梦"。

一个人之所以会穷，我想大多不是因为太懒散不努力工作，而是脑中的思维回路和行为模式，也就是不经深度思考下的"不良习性"造成的。

如果你真想改变命运，不妨从改变你的坏习性开始。

总之，从你看到这本书的这一刻开始，你就开始试着凡事都先预见可能的痛苦，如果你能承受这些痛苦，有把握避开造成这些痛苦的风险和变量，你再付诸行动，就算你一年半载还不会有实质性的改变，但至少可以保住你的血汗钱，不会再用这些血汗钱去买那些不值钱的发票收据了。

不良习惯会让你看不见金山银山

从前，有个富人和朋友到乡下去散心，走着走着，走进一个破旧贫穷的村子。

富人突然心血来潮，他和朋友打赌，说凭自己的本领，可以帮助村子里最穷的人在最短时间内走向成功。

他的朋友不信邪，答应和他赌一千美金。

于是，富人向路人打听，找到了一户最穷的人家，送给他一头牛，嘱咐他好好利用这头牛整理农田，把土挖深，等春天来了撒上种子，好好照顾浇水，秋天就可以远离那个"穷"字了。

穷村民再三感谢富人，而且满怀希望开始整理田地。

谁知道，他努力了几天，心想牛要吃草，人也要吃饭，他看着这只天上掉下来的牛，再看看家里空空如也的米缸，他又想："不如把牛卖了，到市场买几只羊，先杀一只羊来吃，剩下的还可以生小羊，等小羊长大了拿去卖，就可以赚更多钱了。"

于是，他真的把牛卖了，买了三只羊，但吃了一只羊之后，小羊迟迟没有生出来，日子又开始难过了，因为米缸里还是没有米，于是这个村民忍不住又吃了一只羊。

这时，他又想："这样下去也不是办法，不如把羊卖了去买鸡，毕竟，鸡生蛋的速度要快一些，有了鸡蛋就立刻可以赚钱，日子立刻就可以好转。"

就这样，这个穷村民又真的按计划去做，但是卖鸡蛋的钱，还是不够日常花费，他的日子一样困苦。

最后，他忍不住杀了鸡，当他杀到剩最后一只鸡时，心想："走向成功是无望了，还不如把鸡卖了，打一壶酒，三杯下肚，万事不愁，有问题明天再说吧。"

好不容易，春天终于来了，富人依约兴致勃勃地送种子来给这个村民，竟然发现牛早就没了，而且房子比以前更破旧。

这时，这个村民出来向富人致歉，希望富人可以再给他一头牛。

然而，富人却是叹一口气，转身走了，过几天把赌输的钱给朋友。

那个村民就这样一直穷下去，一辈子都无法翻身。

我说过："财富不会拒绝任何人，但一个人的不良习性会让他常常看不见脚边的金银财宝。"

话说回来，你要改变命运也不难，只要有耐力、意志力和纪律，这些道理人人都懂，问题是大多数人都做不到。

所以我说，一个人是否能走向成功，关键不在于努力和学历，而是个性和习性。如果那位村民可以忍住，咬着牙度过寒冬，等到春天播种，秋天就可以改变命运，享有未来几十年的好日子。

忍得住寒冬，才能望得着暖春

我有位朋友是某上市公司老板的助理，他忠心耿耿地跟了老板五年后，老板看他是个老实人，就给他一只股票的买进点，然后再借他 100 万元去买那只股票。

老板告诉他，每个人的第一桶金，总是特别辛苦和煎熬，但这就像酿一桶好酒或炖一锅佛跳墙一样，要他无论如何要有耐心和信心，无论如何都不能把股票卖掉，务必等那只股票涨到两倍时才出脱。如果他真能卖在最高点，那么，他至少可以赚到 200万，再用这 200 万当本金去买绩优股，如此钱滚钱，不出几年他就会成为一个小富翁。

我的朋友听了，痛哭流涕地感谢老板给他这个机会，他发誓一定会按照老板的指点去操作。

然而，那位老板听了却笑了笑，说要他专心盯着那只股票，每天盯，等他真的赚到 200 万，再回来找自己，到时老板会给他新的职务。

就这样，我的朋友开始不去上班，每天起床就盯着计算机，刚开始那只股票真如老板所说，每天小涨，股价慢慢垫高，他开心得晚上都无法睡觉。

然而，过没几天，那只股票却往下跌，连续跌了好几天，让他夜夜难眠。几天后，眼看就要跌破成本，他吓得急忙把股票都卖掉。

隔日他去向老板赔罪，说自己熬不过亏损的压力，把股票卖了。

老板笑着说没关系，要他隔日再把股票买回来，因为接下来又要涨了。

我朋友听了满怀信心，隔日真的把股票买回，接着果然又一天天地往上涨。

几天后，股票涨到波段高点，似乎又开始下跌，我朋友眼看账上已经赚了 2 万元，心想股价如果又跌回原点，他不就等于一场空。

于是，他又自做主张地卖了股票，2 万元入袋，那一晚他睡得很香甜。没想到，隔日他卖掉的股票突然间往上喷出，大涨 6%，他心想股价冲这么高，再追可能会被套牢，于是就一直空手看着股价一路往上喷。

结果，一个月后股价竟然真的飙到快接近两倍，几天后利多出尽，股价开始向下跳水大跌。

　　可想而知，他只赚到 2 万元，眼睁睁地看着别人大赚两倍股价，自己错过了翻身的机会，终究还是个穷上班族。当然了，他把 100 万还给老板后，老板也不再录用他了。

所有的坏习惯都是可以后天修正的

　　"春种一粒粟，秋收万颗子。"这句名言很多人都听过，许多人也都有机会在春天种下那一粒"粟"，然而，真正能做到的人却少之又少。

　　老实说，我也曾经做过和我朋友同样的傻事。

　　因为，当时我内心格局不大又没有胆识，贪小便宜又目光如豆，一有亏损就彻夜难眠，小有获利手就不听使唤，不自觉地就把获利了结，现金入袋，却失去了低成本的部位。

　　我想，只有真正做过生意或下场投资的人，才了解我说的那种恐惧和患得患失的心情。

　　然而，这没有什么好丢脸的，世界上没有人一生下来就有富人习性，许多有钱人也是从小接受许多训练和教育，才能在实战中学会长期投资的策略和胆识。

　　我说过，习性是可以被人为改变的，只要你愿意修正自己的不良习性，就有机会像有钱人那样，从容地逢低买进，且卖在最高区间。

　　例如，我通过不停地自我学习和记录自己的实战过程，慢慢地也学会了不要短视近利和恐慌无措。记得我有一次抱鸿海这只股票，整整抱了六个月之久，后来在大波段最高点，将近一百位的价位才出场，赚了几十万元。

　　我也曾在事业跌进谷底，甚至破产时，冷静沉着地把损失降到最低，几年后东山再起。

　　因此，富不是命定的，富人的好习性、眼光、格局和胆识，都是可以后天自我学习和修正的。

　　当然，如果你一直以来都是用惯常思维在过日子，那么，当机会来敲门时，戒掉"忍不住"就是你走向成功的第一堂课。

如何在充满诱惑的现实里，安然脱身？

你会故意让自己亏钱负债，逼自己活在穷困绝望中吗？

我想，没有人会有这种愿望，但诡异的是，有不少人明明脑子没有这种目标，甚至害怕这种想法，他们的行为却是倒行逆施，专做那些让他们亏钱负债的傻事，而且有人还是一而再，再而三地成为累犯。

我有个曾经风光一时的朋友，后来因为生意失败欠下惊人的债务，才几天的时间，老婆就带走孩子和他离婚，他的房子车子被拍卖，还被债主告到法院，他就这样变成身无分文的无业游民。

后来，当他咬着牙去做粗工，去开出租车，决定从头再来时，他告诉我，从破产到现在整整一个月，他几乎每天半夜都在哭，哭完又用力打自己巴掌，打完巴掌又用木条甩自己的背，他要让自己记住这个痛，千万不能忘了这次教训，将来又重蹈覆辙，如果他再犯同样的错，那么他绝对不能原谅自己，他这辈子也会完蛋。

原来，他曾是个房地产商。

他破产过一次，那是因为他贪小便宜，找了没有营造牌的营造商来盖房子，结果因为偷工减料，房子卖出去后问题层出不穷，后来被住户联名告上法院，他为了补强整栋建筑的结构和赔偿住户花掉了所有财产，而那家无牌营造商早就人间蒸发。

几年后，他东山再起，找了个合格的营造商来盖房子，但房子一栋栋盖下来，他发现营造商的要价太高，而且经常一直追价，几乎让他没有获利。

后来，经朋友介绍找到一家比较便宜的营造商，他立刻想起上次破产的教训，坚持不用没有牌照的协力厂。然而，因为他向银行贷款买地的利息很高，他一天不盖房卖出，他的现金流量就一天天地减少，再这样下去他会被利息吃光老本。

最后，他只好答应让没有牌照的营造商来承包，不过为了顾及质量，他要求监工严格查核用料和建构质量，对方竟然答应了，但要求动工一个月内要先付第一期工程款。

他算算这样一来，成本足足可以省下三成，于是就签约盖房。没想到，房子主体结构才完成，协力厂领了第一期工程款就跑路，他去工地查看才发现，偷工减料的情况非常严重，而且许多地方也没有按图施工。

他急着找别家营造商来接手，但没有人愿意接烂摊子，就怕房子补强不成出问题，拿不到钱就算了，万一倒塌出人命又要吃官司。

就这样，他付不出银行贷款，土地被拍卖，其他协力厂也蜂拥而上要他付材料等款项，逼得他再次破产。这次是他第二次破产了，他年纪也不小，大家都不看好他可以东山再起，连家人也不想理他。

老实说，我知道他是好人，但他自己也承认，很多关键时刻，他都不知道自己在干什么，更想不通为何自己会做那些愚蠢决定。

他明明知道很多陷阱和地雷不能碰，但就是顾虑太多，想省钱又想提高获利还想尽快还清银行贷款，没想到他很本能地又做下错误的决定。

一个好习惯的养成，必须有几万次的信念打底，加上长时间的执行

一个人最大的危机，就是在许多关键时刻，不知道自己在干什么。

即使有过往教训，即使有人在旁耳提面命，但就是有人很奇怪，总要拿刀往自己眼睛戳，抓了炸药往嘴巴塞，非得把自己搞到粉身碎骨不可。

尽管当事人一再喊冤，说这一切都是因为自己一时疏忽、错估形势造成的，并不是故意的。然而，在他的家人、股东或同事看来，一切就是故意的自杀行为。

这就是我一再告诉大家的，一个人的穷富成败，不在于他的聪明和努力有多少，而在于是否有良好的"致富习性"和纪律。

我那个再度破产的朋友，就是没有把过去教训变成一个自己必须遵守的"铁律"，再让这个"铁律"变成一个牢固不破的"好习惯"。

严格来说，活在这个充满诱惑和陷阱的世上的每个人，都需要养成好的习性，也要给自己几条"铁律"，才不会在这个世界中随波逐流、迷失自我。

就算你不是做生意的，在许多关键时刻，你也必须知道自己要的是什么、自己正在做什么、什么东西是你绝对不能碰的、什么事是你不能搞砸的。

相对的，很多人不管是买保单，买基金或买房子车子，甚至是找工作和结婚时，都不知道自己在干什么，更不知道自己该守的纪律是什么。

我相信每个人看到这段时，都会不领情地告诉我："我在做这些事时，当然知道自己在干什么。"我的意思是，你只知道自己正在做什么，但不知道自己为何要做这件事，不知道自己的需求和弱点在哪，更不知道自己的极限为何。

例如，很多人花了很多钱和很多时间去买基金，然而却根本不知道基金的投资标的是什么，当然更不知道停利停损点在哪，可想而知，也不知何时或哪个季节要出场。

等到银行或理财专家（如果理财专家还敢和你联络）通知你基金亏损三成以上，你再来哭天喊地或去银行举牌抗议时，一切都已经来不及，因为，银行会拿出你曾在上面签名的同意书。

总之，这世上，每天都有人在做一些自己都不知道为何要做的事。

你要明白自己想要的是什么

有钱人不会容许自己有这种习惯，因为，这根本是拿自己的钱和生命开玩笑。但是有讽刺意味的是，很多时候大多数人反而在投资或做生意理财上，表现得非常魄力和胆识。因为不懂，不知道自己在干什么，所以没有恐惧感。虽然已经被骗过好几次，但好习性还是没有养成，只要理财专家或专家大力推荐，不管自己懂不懂基金标的和风险，拿了笔就签。

同样是人，为何有钱人就可以在充满诱惑和地雷的四面楚歌中安然脱身，而且可以反过来致富？

相信我，他们最初也和大家一样，不知道自己在干什么，不知道为何一再犯同样的错误。但他们懂得养成严守纪律的好习惯，不让自己再犯同样的错误。

如果你也深恶痛绝一直被自己潜意识中的无知无能牵着鼻子走，让自己亏钱负债，那么，你一定要养成一个坚守纪律的好习惯，养成一个可以自动执行的"优良程序"，让这个"自动执行程序"来协助你，每次遇到关键时刻时就可以习惯性地不冲动做决定，或是避免再次做出不理性决定。

只有这样，才能让你完全改变命运，除此之外，就没有别的好办法了。

工作以外的时间里，你都在做什么？

严格来说，人和人之间的差距并不大。相反的，在许多地方，有些人汲求利益的天资，要比他想象中的高很多。

然而，大多数人都有个坏习惯，那就是每天醒来，除了工作和吃饭，剩下的时间，他们总是努力忘掉自己，巴不得想不起自己是谁。

光是这点，就会让一个人变穷，而且随着时间和年龄的推演，贫富间的差距也会越来越大。

如果你不相信，不妨反省一下自己在工作之余，都在做些什么事。

或者，你也可以观察办公室里的同事，问问他们下班后都在干什么。相对的，也可侧面了解一下，老板和主管们在做什么。

你应该经常问自己："除了工作以外的时间，我都在做什么？"

我年轻时待过一家广告公司，公司规模很大，有上百名员工。

那个时候，我们的薪水都很低，工作项目却很繁杂，往往下了班许多同事就会约我去吃饭喝酒唱歌，周末更是一堆人约打麻将或去酒馆喝到天亮。

刚开始，我因为是新人，不好意思拒绝前辈们的邀约，但这样的日子过了半年，我开始反省，以我这么低的位阶和薪水，每天除了上班外，都是和同事混在一起花天酒地，聊些言不及义的八卦，如此下去，我在这里做越久，负债必然越多，生活习惯也会沦为跟酒鬼和夜猫子一样暗无天日，我这辈子就真的要葬送在这里了。

于是，我在同事间发起下班或假日来开英文读书会，借此提高英文听说能力，或是一起去外面上课，多学点东西。

但这个提议立刻被酒鬼帮和夜猫帮否定，他们一个个把我当怪咖，也有人觉得我是故意装成文青，来抬高自己的身价。

没多久，我就提出辞呈了。

后来，我又到某家电视传播公司任职，仔细观察，里面的同事大都可分为酒鬼帮或 KTV 派，当然也有赌博帮，麻将是主流，更糟的是还有专门泡夜店的一派。

我不是自命清高，爱批判同事的生活形态，而是我出身贫贱，有经济压力，趁着年轻，总想着如何摆脱穷忙命运，如何学习有钱人或成功人士的心法，尽快改变命运。

然而，我却发现这么多公司的同事，几乎很少人会把心思和时间，花在如何升迁和自我成长上面，这让我觉得很惊讶。

十几年后，我自己创业当老板，某天来了一位年纪颇大的面试者，相谈之下才发现他是当年广告公司的主任。

原来，在我离开那家广告公司后，公司隔年就因为没标到大案子而倒闭，主任也跟着失业。这些年来，他做过举广告牌的业务员，当过直销公司的仓储人员，也当过货运公司的司机。

我问他，为何不再回到广告业？以他多年的资历，再当个主管应该不是问题。

他则叹了口气说，那些年，突然来了一堆从国外回来开业的广告公司，动不动就要说英文，还要用电脑做简报，还要用一堆技术指标或理论，他根本做不下去，才会不停地换跑道。但他自知年纪也不小，没有专业和竞争力，如今只能找个工作过一天算一天。

后来，我并没有录取他，并不是看不起他，而是和其他应征者相比，他的竞争力实在不足。再者，这位主任曾是当年广告公司里有名的麻将王，我也怕他进入公司后，又把同仁洗成麻将帮，难免又有金钱纠纷。

后来，我又想起来，他在面试中隐约提到有财务上的困境，我心想，他现在的穷，我无法帮他，因为那是他十几年前每天沉迷打麻将的结果，他自己如果不愿改掉坏自身的习惯，重新学习升级，就算是张忠谋或郭台铭也救不了他。

你的时间很值钱

有一次，我问某个同样爱打麻将的朋友，为何下了班就爱打麻将？

他是汽车销售员，因为有底薪，车子多卖一台少卖一台，他都没差，他也不想成为公司里的销售冠军。

他的回答很妙，他说："麻将这种东西比毒品和女人都好，重点不在输钱赢钱，而是打麻将摸牌和自摸时的快感，可以让我忘了自己是谁。"

我愣了一下，正要再问他，他却笑着说："意思就是忘了工作压力，忘了老板的碎碎念，忘了一堆账单和那个像千斤重的房贷，最好还能忘掉自己的身份证号，忘掉自己的名字，忘了明天还要上班。"

老实说，这真是个很实在的回答。

我想，那些爱喝酒爱通宵唱歌、爱去夜店的同事，应该也都是为了同一个理由吧！

有的人醒着时，总是想尽各种办法来忘了自己，这是一个人的习性，然而，也因有了这习性，反而让他们的生活更窘迫，每天上班下班，每个月领了那么一点薪水，却都被丢入了这个"忘记自我"的深井里。

他们忘掉自己的同时，也耗掉自己仅有的、可以让他们脱离"贫穷引力"的资源，他们就像被困在火星或月球背面黑暗区的太空孤民，只要没有足够燃料让登陆艇往上冲，冲离星球引力，他们就永远无法回到地球。

相对的，我认识的富人和成功人士，工作之余都在进修或增加见识。

我认识一个房地产大亨，他破产过好几次，每次他破产，不是因为他好赌或乱投资，而是房地产形势大逆转，或是政府有新的政策突然施行时，他却做错了决策，让他损失惨重。

后来，他开始研究经济走向，也开始学会分析房地产行情消长变化的细微情报，再把这些信息都输入计算机，自己找人写一套程序，让他可以监控经济形势的循环，看看是否如自己预测的走势。

他告诉我，自从他学会这些分析和监控技术，他就没再破产过。同时，他也因此养成好习惯，每当工作之余或假日，他首先会自我检查，自己是否还有什么弱点，对于某个项目的投资，是否又高估自己的实力。

人和人之间究竟有什么不同？

我想，最大的不同，应该是每个人真正醒着的时刻差很多，有的人是战战兢兢，一有空就想尽办法充实自己；有的人是醉生梦死，每天都放松纵容自己。

99% 的人都做不到的成功心法

我认识两个股票市场的老前辈，三十年前他们都是刚进入证券公司的新人，三十年后，A 变成主力大户，B 则还在证券公司当普通单员。

或许你和我一样，会认为 A 是股市分析高手，拥有很多专业技能且努力做研究分析，才能有这样的成就。然而，事实总和我们想的不一样。

B 才是股市分析高手，不仅钻研波浪理论，也是线型技术分析的高手，还是各投资顾问公司的讲师，但在股市操作上，他总是赚小赔大，最后把退休金都输光了。

相反的，A 懂的不多，虽然有证券操作基本技能，但他总是把时间花在登山美食和出国旅游上，而不是勤做功课研究市场走势和信息。然而，二十几年来，他却能在股市里赚进超过千万的获利。

只有遵守规则的人才不会落入那些隐蔽的陷阱之中

我问 A 多年来稳定获利的秘诀是什么，他只淡淡回答，没有秘诀，只有两个简单方法。

第一个是做长线，第二个是低买高卖。如果还有第三个策略，那就是不要每天看盘，有空就登山旅行或出国去玩。

我听了愣住半天，他笑笑说，其实秘诀就只有两个字："心态。"

原来，他进场前都会先做好交易计划，逢低买进后，就出国去玩，等到半年或几年后再高高卖出，获利出场。

老实说，这个心法听来普通，大家都知道，我想 B 也必然知道，为何 B 却输掉全部身家，年纪一大把了，还要去打工赚生活费？

A 说操作方法很简单，但能做到的人不多，严格来说，应该是 99% 的人都做不到。因为，在某只股票从最低涨到最高，或是从最高跌到最低的期间，一路上有太多诱惑和陷阱，大部分的人都无法严格遵守纪律。

例如，当股票涨到一个小波段高点时，只要是人都会忍不住卖掉，让获利变成现金入袋。然而，这么做等于是因小失大，一旦失去了原来的买进部位，就很难再买回原价，所以心量小格局窄的人，注定赚不了大钱。

再者，股市中有许多在高档的股票，不管是技术面、消息面或筹码面都很漂亮，看不出背后陷阱的贪婪者，就会跳入火坑变成炮灰。

这种诱惑和陷阱，就像聊斋里的鬼故事，当骷髅在眼前，明眼人看到的是骷髅，心中有欲念邪念的人，却看成是没有穿衣服的美女或帅哥。

那位博学多闻且拥有多张专业证书的 B，就是无法抵抗这些诱惑，不能坚守行业的规则，所以不管赚到多少，最后总会因为自己一时的贪念，变成无产阶级。

尽管 B 天天挑灯做功课，努力分析研究大盘和个股，就因为没有遵守行业的规则，所做的努力都不如 A 的半分付出。

最大的敌人永远是自己的心魔

同样的道理，有人投资基金房地产或各种事业能赚到钱，但也有人不管再怎么努力，到头来还是穷忙族。

如果你真想走向成功，就必须相信我说的，因为我以前也和 B 一样，看不清自己的弱点和盲点，越努力就亏越多钱。

当然，我也知道要坚守规则是一件很痛苦的事。

但是，所谓的规则就像你不能在加油站抽烟点火一样，不能碰的事，一次也不要做。所以，你不懂的基金或任何投资，都不要碰。那些看起来怪怪的吸金公司或直销公司就敬鬼神而远之，你无须花时间心力研究他们的产品或分红制度。

只要你能遵守这半分规则，你就能少花冤枉钱，也不用辛苦咬牙折磨自己，赔钱又受罪。

同样的，机会来了，该进场就进，车还没到站就不要跳车。

如此几年下来，你才有机会改变命运，像 A 一样成为有钱有闲的好命人。

永远别相信那些你感觉可以相信的

我有个亲戚，他女儿大学毕业后考上公家机关，通过朋友介绍，认识了一位在餐厅当厨师的男人。

这个男的嘴巴很甜，说他自己工作很上进，对未来也有缜密规划，不仅每天接送亲戚女儿上下班，还亲自熬汤送汤送水果给亲戚全家人。此外，他也很爱小狗，常自告奋勇带小狗去美容洗澡，亲戚一家人都对他很满意。

但我一听就觉得怪怪的，问亲戚这个男的是否都不用上班，否则哪来这么多时间侍候你们全家人？

　　亲戚听了，也觉得有道理，但他一转念，很有自信的说，那个男人应该是下了班还要打理那些事，真难为他了，至少这个世道，这样贴心的男人不多了。

　　我本来想叫他三思，他却不想再听我的质疑，又抢着说这是年轻人的事，只要女儿喜欢就好，他也不能多管。

　　几个月后，亲戚的女儿就和那个男人结婚了。

　　没想到，两人才度完蜜月回来，男人就说厨房又热又脏，身体不舒服，想请假一阵子。就这样，男人就没回去上过班，后来索性把工作辞了，就在家玩狗玩游戏，摆明就是要吃定亲戚女儿。

　　亲戚看了男人这副德性，气得自责当初为何不听我的质疑，现在人都结婚了，要赶他也赶不走，后悔莫及。

　　人性就是这样，都爱相信表面的事，就像我一个朋友，他在邮局上班，也是有很稳定的收入，后来通过相亲，和一位大眼浓眉身材好的美女结婚，因为，美女不仅美，还会做菜，人也贤惠温柔又顾家。

同样的，美女娶进门后没多久就全变了样，不但妆洗掉后判若两人，她也不爱做家事，最大嗜好是逛街和打麻将。

你所看见的，不一定都是真的

曾经有个拥有亿万身家的大老板对我说："人是最好骗的动物。因为，人有眼睛有耳朵，而且总是相信眼见为实，耳听为真。"因此，他要我不要太相信眼前看到的东西，眼前能看到的，十有八九都是假的。

为何眼前能看到的东西，十有八九都是假的？

年轻时的我，也想不通这个道理，然而，经过十几年来不停地踩地雷缴学费，我终于能领悟这句话的含意了。

三国时，刘备强占徐州城，曹操领重兵要攻打刘备。当时，虽然刘备兵少，但徐州城也不好攻下，曹操则只是派先锋部队攻了几波，就退守几十里扎营，没有任何动静。

这时，刘备发现徐州城外布满曹兵尸首，他心想，曹军尸首都来不及清走，曹操又命大军退后几十里才扎营，应该是曹军死伤惨重，元气大伤，才会有如此举动。

刘备心头一喜，想起兵法有云："敌军损伤转弱，可夜袭劫营。"

于是，刘备就率全军子夜攻入曹军大营，直奔曹操营帐，想取他的人头。没想到，营帐内空无一人，曹军营内驻守士兵也寥寥无几，刘备这才惊觉中计，急着要撤军，但曹操大军早就把他们团团围住，刘备大军因此全军覆没。

事后，曹操对他人说："我早料到刘备会死守兵法，夜袭劫营，所以我就布下重兵等着他，刘备那个笨蛋，不知道兵法是给呆子看的，只有笨蛋才会上当，兵法要活用才能取得先机。"

这十几年来，我听了太多身边的亲友，在股市上万点时，被媒体、被周遭氛围逼得一股热血冲进股市。

不幸的是，这些散户都没听过道琼先生说过的名言："行情总在万人空巷，众人失去理智追高的欢呼声中结束。"

很快的，主力出货股市大跌，有人赔了八百多万元的棺材本，有人不但赔掉身家，还因为融资被断头，欠下高额债务。更惨的是，有人还欠了地下钱庄好几亿，走投无路只好跳楼自杀。

我在写这本书时，害惨几万散户的乐升案正闹得沸沸扬扬，许多受害者上媒体控诉金管会和负责承销的银行，要负起赔偿责任，但政府除了修法亡羊补牢，关于追讨及赔偿一事，政府官员始终在互推责任，没有下文。这就是说，几万受害者的血汗钱，注定是肉包子打狗，被那些狼心狗肺的公司高层吞掉了。

那些受害者都控诉是金管会同意乐升被收购，投审会也审查通过，因为这些政府机关的文书，才误导他们相信这次收购案释放出的利息多，把钱拿去买股票，等着赚价差。

可是，像我和许多股市老手，包括基金管理公司等的法人，早就察觉这一个收购案有太多疑点，背后必然不单纯，尽管有政府文书，我们都没有买任何一张股票，也因此逃过一劫。

从这点来看，那些受害者也要为自己的贪念负责任。

甚至，我听说有位证券营业员因为受不了诱惑，除了重押身家，还向亲友借了很多钱一起赌这次乐升收购案，没想到，收购案破局，乐升股价无限下跌，那位营业员不堪亏损，竟然自杀身亡。

永远别相信那些你感觉可以相信的

相信我，商品社会和现实社会里，一直以来就是在玩棉花糖和刀子的游戏。

棉花糖是利多，刀子是利空，人人都想抢利多赚钱，却总是死在自己的贪婪手上，看不出十个棉花糖里，有八九个都藏着刀子。

相反的，人人都想躲的刀子，十有八九是伤不了人的塑胶刀，而且刀柄里还藏着美钞，而且是真钞不是假钞。

无奈的是，大多数人总是看不出棉花糖里藏着刀子的陷阱，更不敢相信，有些刀子里藏着美钞。

而且这样的悲剧，总是不停地在商品社会和现实社会里发生，有的人被坑杀十次之后，下次再看到眼前的利多，还是会继续追高抢棉花糖，尽管结果是抢到双手鲜血淋漓，令人惨不忍睹，他们还是会再次犯错。

当然，我并不是说所有眼睛能看到的利多，都是假的，而是说十有八九，只有剩下的一二个才是真货，你必须用心做功课和运用专业能力，才能看穿白骨精的伪装，看见妖怪的真身。

如果你不是专业人士，也不想花时间心力做功课，那么就要改掉这个坏习惯。

很不幸的是，很多无法成功的人，就是因为改不掉这个坏习惯，而且不会汲取教训，一再地做同样的错事傻事，却希望有一天他们做的错事，会出现奇迹，让他们赚到大钱，从此改变命运。

老实说，我年轻时就是常常被棉花糖里的刀子扎到血流满地，所以那时我不仅穷忙，还负债累累。

所幸，这个坏习惯是可以被改变的，我能做到，你也可以做到。想通了这个道理，就全力朝对的方向前进吧！

　　不需要给自己太多借口，也不用给别人什么交代和理由，尽管你学会避开棉花糖陷阱不会让你一夜致富，但至少你不会再像乐升案的受害者一样，被诈骗坑杀，被打入十八层地狱，以致再也难以翻身。

五年的时间，让你成为有尊严的有钱人

如果你未来想穷到破产，想成为流浪汉，每天睡在破纸箱里，很简单，你可以先列出你一直以来最想做的梦想清单，像是出国旅游、每天睡到自然醒、天天逛百货公司、每天玩游戏玩到手抽筋、天天去高级餐馆吃大餐等。

我敢保证，如果你狠下心照做，不用半年，你就会开始找纸箱，把所有家当都堆在公园椅子上，守着回忆和记忆，担心下一餐在哪里。

相反的，如果你想改变命运，成为有钱人，同

样很简单，先列出你最讨厌的事物清单，如：假日
或下班时间，当别人出去玩或在家玩游戏时，你要
去上专业课程或是买书回来练功，增加竞争力；或
是每天早起运动，晚上十一点前上床睡觉，不熬夜
不吃夜宵；或是坚决不吃炸鸡、薯条、洋芋片、珍
珠奶茶等垃圾食物，每天改吃水果坚果和海鲜；还
有认真上班和诚恳待人，不说谎不耍心机不挑拨离
间；等。

如果你能有看破红尘般的决心，每天做这些你
最讨厌的事，我保证，三年后你就能改变命运，五
年后你就会变成有尊严的有钱人。

你现在所讨厌的必定会在将来成为你的倚仗

大多数人之所以一辈子生活得都很普通，原因
在于他们缺乏逆本性的智慧和决心。

根据我多年来的观察，我发现，这世上 98% 的
人，都不是笨蛋，相反的，很多人就是因为太聪明，

才会陷入贫性回路，永世无法超生。

没有人一出生就是笨蛋，一个人的穷，往往都来自自身的惰性和没有决心。惰性和没有决心，也是不少人长期难以摆脱的穷习性。

因此，如果你想改变命运，真的不用花心思去找什么大师，也不用到处求神拜佛，更不用花钱去买开运宝石和找大师改风水。当你做这些傻事时，只会让你的钞票越来越少，而且你的贫穷危机，也会因为你花钱算命改运，得到了安慰和麻痹，让你没有风险意识地继续走向陷入贫性回路的不归路。

每天做一件你最讨厌的事，这种决心和体重过胖的人要执行减重计划一样，如果你没有强烈的企图心，没有走投无路的压力，原则上，都只会沦为打嘴炮的自欺而已。

或许你会问："既然能让我们脱贫的事都是好事，为什么我们要讨厌那些事呢？"

因为，好吃懒做和逃避压力都是我们的本能反应，而这种本能来自我们大脑里的古老功能区，也就是在我们大脑新皮层和边缘系统里面有杏仁核和脑干区的爬虫脑。

爬虫脑的构造很简单，就像冷血的爬虫类一样，它是生物界最早的神经核心处理器（CPU），就像我们早期发展出的 DOS 作业系统，它的任务是要让我们维持生命系统，在敌人来袭或陷入险境时，可以保护自己。

因此，对现在的人类来说，它的功能是通过潜意识的运作，让人类产生嫉妒、自私，在遇到危险时以攻击或逃避，以及贪婪等行为，来确保生命可以取得存活优势。

可惜的是，这些原始本能都是几万年前设计出来的，尽管我们内在还拥有着这些生物的原始本能，但毕竟我们现在身处的，是个讲求文明和法治的社会，如果有人丧失人性，完全受这个爬虫脑控制，做出违反人性和法律的行为，就等于要求社会把他淘汰掉。

同样的道理，虽然你不会做出如此激烈和天怒人怨的脱轨行为，但你的这些本能会驱使你上班时摸鱼偷懒；麻烦和有风险的事不插手；能吃能睡就绝不客气；对于讨厌的同事，有机会就抹黑陷害他；还有对于那些能刺激大脑产生快感的垃圾食物或是游戏赌博和情色商品，你必然会沉溺其中，无法自拔。

用理性的欲望战胜着魔的贪婪

所以，如果你傻傻地顺从自己本能，每天只做自己想做而不是该做的事，很快的，你的大脑运作模式，也就是你的作业系统，就会从原来文明世界的高阶计算机系统，逆行退化成 DOS 系统。你的人生就只会聚焦在吃喝和感官刺激以及逃避嫉妒贪婪的低阶功能中，无法拥有负责任和挑战困境以及自我成长的进化能力。

　　相反的，如果你有决心有勇气，敢于每天做一件你最讨厌的事，你的爬虫脑功能就会钝化，你的新皮质脑，也就是人类才有的逻辑和理智脑，反而会不停活跃进化。无形中，你的逻辑推演能力、抗压力和竞争力都会越来越强。

　　所以我才敢保证，每天做一件你最讨厌的事，三年后你就能改变命运，五年后你就会变成有尊严的有钱人。

　　总之，身为拥有新皮质脑的我们，要改变命运真的不难。只要你能逆本性去做自己讨厌的事，连续做个四十九天，你的大脑就会建立新的思维回路和奖赏机制。日后你就可以在没有痛苦的良性循环下，运用这个自动执行的好习性，有计划性地完成专业技能训练，或是闭关练出别人无法学会的专业技能。

　　相信我，三年或五年后，你一定会脱胎换骨，而且还能拥有掌控和改变自己命运的能力。

后记

因为出身贫贱，从年轻时我就想尽办法要改变命运。

我想，很多年轻人跟我有同样的志向和计划。

然而，从赤贫到曾经赚大钱，到现在小康，我发现，走向成功的过程中，真正的核心价值不在于财富，或是你能赚到多少钱，而是对于习性的修炼和培养。

遗憾的是，我在这个改变自己的过程中，看到太多同年纪的朋友，在事业成功和财务自由后，反而看不清这个核心价值，甚至误认钞票和财富才是最重要的东西。

在我认识的这些成功改变自己命运的朋友中，有些人一旦有了钱，就忘了家人和初衷，他们忘了当初没日没夜地打拼，为的就是让家人有好日子可以过。

也有不少人一站上富人台阶，就沉迷于酒色财气，就算短时间内没有破产，但早已失去了最宝贵的家人和健康。

另外一些朋友，则是被财富迷惑，有了一千万就想要赚到一亿，有了一亿就想要赚到百亿。

同样的，他们为了钱和名利，也把家人和健康牺牲掉了。然而，在我看来，他们最大的损失是失去自我，失去认识自己的能力，以及失去了平静过日子的契机。

　　我说过，在充满风险和煎熬的改变过程中，最大的收获是自我肯定的成就感。

　　然而，成就是一栋大楼，没有人可以在几天或一个月内就盖完这栋大楼，就算你只想盖个小公寓，至少也要有一年以上的时间和耐心。

　　问题是，你心中的楼房有多大？是二层别墅、九层楼或摩天大楼？

　　当然，楼层越高，需要的水泥钢筋、时间耐心和成本就越高。但有了这些还不够，在盖楼的过程中，你必须一直把盖楼的蓝图和计划表放在心中，一天都不能忘，不能荒废。

　　即使过程中遇到风雨或低潮，你的信念也要生生不息，不论遇到多少挫败，都要坚持按计划继续施工，才能有完工的一天。

　　只要你有这样的纪律和耐心，或许三五年后，你就能站在顶楼的落地窗前，往下俯瞰美丽的街景和风光，这时候，你就可以算是有成就的人了。

然而，切记，财富只是一个豪宅的高楼风景，你之所以能拥有这个无敌美景，是因为你脚下的水泥钢筋和各种建材是经过长时间盖起来的。

没有长时间的努力，你就没有这个无敌美景，你可以感到自豪，但你千万不能把这美景，也就是你的财富，当成是永久不会变的资产。

因为今天你拥有的一切，明天后天就可能会化为乌有。

因此，是否拥有这个美景，不是人生中最重要的核心资产，你的家人、你的健康、你的自信和成就，你在这个盖楼的过程中所经历和学到的一切，才是你这一生中最重要的资产。

你千万不要因为看见这无敌美景，就被这美景冲昏了头。更不要为了这片美景，忽略了家人、健康，或失去享有平凡、平静日子的能力。否则，你站上的高楼不是个成就，反而是个诅咒。

　　总之，财富只是一个豪宅的高楼风景。可能你要经历过许多高低起伏，才会体悟这句话的真正意思。

　　如果有一天你能走向成功，充满自信地站上豪宅顶楼俯看窗外美景时，希望你能记得我这个提醒。

　　　　　　狄骧，二〇一六年十一月七日　于台北

附录 1：你一定要戒掉的 50 个失败习惯

01　太相信亲人、好友、同学、同事，没有戒心。

02　对经济变化毫无概念，也不想关心。

03　没有纪律。

04　没有毅力。

05　常常耐不住寂寞，一星期有好几天，花大钱在夜店流连。

06 每天都要抽烟、喝酒。

07 时不时地就想跟朋友打麻将。

08 花许多钱买点数玩游戏。

09 下班后就开始看电视。

10 假日或周末无法独处，总是狂欢到天亮。

11 理财专家和亲朋好友报什么优质股票，就一定
会买。

12 全盘相信电视上投资顾问老师说的话。

13 媒体一报道黄金的价格上涨，就立刻跑去买，
黄金价格下跌，就迅速脱手。

14 不顾经济状况，就购买名牌包、名牌服饰。

15 常吃快餐、微波食物、泡面。

16   不知道自己的需求和弱点。

17   不知道自己的极限。

18   花了很多钱买基金，却根本不知道基金的投资
标的是什么。

19   投资时，不知道自己的停利停损点，也不知道
何时要出场。

20   不愿意花时间运动。

21   对投资、创业、做小买卖，抱持过度乐观的
态度。

22   才看几张损益表，就买下投资型保单。

23   很容易就购买高价用品，却没事先谨慎评估，
买错了也不想反省。

24   很多关键时刻，都不知道自己在干什么。

25 朋友想要借钱，想都不想，就借出去。

26 不想进修，懒得花时间提升自己的专业能力。

27 很容易就相信媒体放出的利多消息，不去搜集更多资料和证据。

28 时常喝加工饮料。

29 花大钱找大师改运。

30 除了滑手机之外，什么都不想做。

31 缺乏耐心，所有事情都想速成。

32 相信股神的每一句话。

33 常为了小事情生气。

34 心情不好时，就想吃零食、糖果。

35 完全相信理财杂志的文章。

36　懒得思考自己的"大脑"和财富有何关系。

37　因为投资的亏损，气到身心失调。

38　工作不顺，就迁怒家人。

39　花钱如流水。

40　相信埋头苦干可以致富。

41　投资时，只想要投机炒短线。

42　作息乱七八糟。

43　吃东西没规划又不忌口。

44　常熬夜做没有意义的事。

45　爱贪小便宜。

46　缺乏逻辑。

47　做错事情却不想反省。

48　总是想逃避痛苦。

49　相信"眼见为凭"。

50　做生意或投资时，没思考太多就重押身家。

附录2：你一定要拥有的50个成功习性

01　坚守纪律。

02　有耐心。

03　对任何人都有戒心。

04　有过人的毅力。

05　能够克服寂寞和无聊。

06　常利用假日充实专业知识。

07　不买便宜货。

08 绝对不吃零食、糖果。

09 慎选食物。

10 时常补充高档蛋白质。

11 对"神"字辈投资大师说的每一句话，都有很大的存疑。

12 能够有条理地分析各种市场信息。

13 固定花时间运动。

14 即使遇到亏损，也能气定神闲。

15 不会把成败得失卡在心里太久。

16 不管是工作不顺还是投资失利，绝不会把情绪带回家。

17 花钱时会非常慎重。

18 投资时，有耐心等到底部出现再进场。

19 能够克服自己的心魔。

20 如果在底部买进的股票被套牢，也能忍着不卖，直到法人开始回头买进。

21 懂得长线布局。

22 作息规律。

23 能够戒掉烟、酒。

24 把每个客户都当成贵宾，真诚用心地服务。

25 能够有逻辑地做决定。

26 做错决定时，懂得停损和修正。

27 能够破除各种心理陷阱。

28 绝不自欺欺人。

29 做生意时，不会涉入私人情感。

30 买股时，是考量基本面和筹码面，而不是依据
媒体的利多消息。

31 不相信"富贵险中求"。

32 不用"杠杆"进行投资。

33 过高质量的生活，让身体、大脑、神经系统，
都保持最佳的状态。

34 能够克服不甘愿的心情。

35 不会被贪婪控制。

36 致力于建立属于自己的"印钞机"。

37 不会想靠中彩票致富。

38 有胆识。

39 投资时，即使踩到地雷，也不会让坏情绪影响
下一盘的交易。

40   能用平常心看待胜败。

41   敢正视、拥抱痛苦。

42   不会靠酒精麻痹痛苦。

43   在面对许多投资案时，先预见可能发生的痛苦。

44   不会犯下同样的错误。

45   有长远的眼光。

46   每当工作之余，首先会自我检查，自己是否还
      有什么弱点。

47   投资时，不碰自己不懂的东西。

48   有强烈的企图心。

49   每天优先做自己该做的事，而不是想做的事。

50   诚恳待人。

附录 3：狄骧语录

◆ 不管你是想打造印钞机，还是通过投资，让自己致富，有很多人的想法都跟你一样，他们甚至比你更努力、更聪明，所以，你有什么资格让他们赔钱，好让你赚到钱？

◆ 一旦市场走势狠狠打了大师几巴掌，害你惨赔，你也只能自己来承担这个后果。

◆ 即使有过往教训，即使有人在旁耳提面命，但很多人还是会拿刀往自己眼睛戳，抓炸药往嘴巴塞，非把自己搞到粉身碎骨不可。

◆如果你能承受可能发生的痛苦，有把握避开造成
这些痛苦的风险和变量，你再付诸行动，就算你
不会变成有钱人，至少可以保住血汗钱。

◆做决策的能力，才是资产的母亲；相对的，普通
人拥有的是做梦的能力，而且虚实不分，把现实
当成梦境，把梦境当成现实。

◆就算全世界都认真地告诉一个人，他做错了，但
他还是不改其志，仍相信奇迹会发生。

◆做生意时，不要涉入私人感情，因为，浪漫的代
价，往往令人痛不欲生、悔不当初。

◆当冷血无情的鳄鱼跟你谈交情，还放下身段说自
己的悲惨故事，甚至还掉眼泪向你示弱时，这就
是他已经饿太久的信号。你千万不要以为他已经
改邪归正。事实上，他只是为了活下去，必须掩
饰自己冷血的形象。

◆要成为有钱人，不只是眼光要好，你的心也必须
具备深度的修养，否则，你的心容不下财富，就
会因为贪婪、过度投资，摆荡在悔恨和贪婪之间，

永远受苦。

◆ 不要把证书当成印钞机，因为，那只是一张纸，一张忽悠别人的纸，不可能成为你的印钞机，也不会是你的聚宝盆，说难听一点，搞不好那张纸还是妨碍你脱贫的诅咒。

◆ 拥有白手起家能力的人，既然可以成功一次，就有机会成功第二次。相对的，靠狗屎运中彩票的人，一辈子顶多中一次奖，等他把钱花光，就很难再中第二次。

◆ 你也可以成为超越凡人的有钱人，只要你愿意用心锻炼自己，当你打的仗越多，经验越丰富，我不敢保证你会成为沙场常胜将军，但至少你能在战事中好吃好睡，你的胜率就会比那些无胆无识的人，高出很多倍。

◆ 有钱人家的富二代，他们不曾对缺钱穷困感到痛苦，他们只是身上有钱可以用，并不是有钱人，他们无法凭自己双手，去赚到自己的吃饭钱和房租，更无法为自己赚到人生。

◆ 太容易忘记痛苦的人，永远成不了真正的有钱人。世上真正的亿万富翁，尤其是吃过不少苦、懂得尊敬痛苦的犹太人，他们的"痛苦价值"比任何人都高。

◆ 如果你一直以来都是用惯常思维在过日子，当机会来敲门时，戒掉"忍不住"就是你走向成功的第一堂课。

图书在版编目（CIP）数据

你不用努力活得跟别人一样 / 狄骧著 . -- 长沙：湖南人民出版社 , 2018.1
ISBN 978-7-5561-1844-1

Ⅰ . ①你… Ⅱ . ①狄… Ⅲ . ①成功心理—通俗读物Ⅳ . ① B848.4-49

中国版本图书馆 CIP 数据核字 (2017) 第 291590 号

　　本著作经汇通文流社有限公司授权在中国大陆独家出版、发行中文简体版。非经书面同意，不得以任何形式任意重制、转载。

出　　品：阅享
责任编辑：姚晶晶
监　　制：杨沐涵　黄博文
产品经理：李晨昊
封面设计：PAGE. 11　Q:2635252118
封面摄影：周三哥

NI BUYONG NULI HUO DE GEN BIEREN YIYANG
你 不 用 努 力 活 得 跟 别 人 一 样
狄骧　著

出版发行：湖南人民出版社
网　　址：www.hnppp.com
地　　址：长沙市营盘路东路 3 号
邮　　编：410005
印　　刷：北京盛通印刷股份有限公司
经　　销：湖南省新华书店
开　　本：880 毫米 ×1230 毫米　1/32
版　　次：2018 年 1 月第 1 版　2018 年 1 月第 1 次印刷
字　　数：123 千字
印　　张：7
书　　号：ISBN 978-7-5561-1844-1
定　　价：39.80 元